U0162951

The Pocket Guide
to the Polyvagal Theory
The Transformative Power
of Feeling Safe

Stephen W. Porges

多层迷走神经

指南

重新认识
自主神经系统

［美］斯蒂芬·W.波格斯　著

刘紫薇　译

中国出版集团有限公司

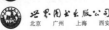
世界图书出版公司
北京　广州　上海　西安

图书在版编目（CIP）数据

多层迷走神经指南：重新认识自主神经系统 ／（美）斯蒂芬·W. 波格斯（Stephen W. Porges）著；刘紫薇译 . 北京：世界图书出版有限公司北京分公司，2024. 7.
ISBN 978-7-5232-1475-6

Ⅰ. Q425

中国国家版本馆 CIP 数据核字第 2024N3B023 号

书　　名	多层迷走神经指南：重新认识自主神经系统	
	DUOCENG MIZOU SHENJING ZHINAN	
著　　者	〔美〕斯蒂芬·W. 波格斯	
译　　者	刘紫薇	
责任编辑	王　洋	
特约编辑	赵昕培　董　桃	
特约策划	巴别塔文化	
出版发行	世界图书出版有限公司北京分公司	
地　　址	北京市东城区朝内大街 137 号	
邮　　编	100010	
电　　话	010-64038355（发行）　64033507（总编室）	
网　　址	http://www.wpcbj.com.cn	
邮　　箱	wpcbjst@vip.163.com	
销　　售	各地新华书店	
印　　刷	天津画中画印刷有限公司	
开　　本	880mm×1230mm　1/32	
印　　张	10	
字　　数	188 千字	
版　　次	2024 年 7 月第 1 版	
印　　次	2024 年 7 月第 1 次印刷	
版权登记	01-2023-5561	
国际书号	ISBN 978-7-5232-1475-6	
定　　价	79.00 元	

如有质量或印装问题，请拨打售后服务电话 010-82838515

赞 誉

在过去的 50 年间，斯蒂芬·W. 波格斯（Stephen W. Porges）博士在我们对神经系统的理解上作出的贡献不仅是意义最深远且最具启发性的，更是最有用的。任何要与他人打交道或致力于疗愈他人的工作者都能从他深刻的见解中受益匪浅。波格斯助力了对面部信息的破译，加深了我们对神经系统、面部表情和身体感觉之间关系的理解。达尔文和埃克曼曾为面部表情和情绪之间关系的研究作出了卓越的贡献，波格斯将这些发现向内拓展，与神经系统关联起来。这一贡献的特别之处在于其具有直接的临床意义。他的发现和理论指导了我们应该如何以及在何时对一些最具挑战性的临床状况进行干预，并开辟了新的治疗可能性。几十年来，他一直以科学家的身份在学术领域笔耕不辍。现在，我们能通过这本易于理解的书，与这位杰出人物进行对话，对他的思想进行初步了解。对于任何领域的临床医生，以及所有希望更多了解自身和所关心之人神经系统的人来说，此书都是理想的选择。

——诺曼·道伊奇（Norman Doidge）

《重塑大脑，重塑人生》与

《唤醒大脑：神经可塑性如何帮助大脑自我疗愈》作者

在这本书中，斯蒂芬·W. 波格斯博士成功解构了与多层迷走神经理论相关的晦涩科学概念，使得来访者、临床医生乃至普罗大众能够很好地理解它们。这一点少有研究人员能做到。随着这位创新天才亲切地将多层迷走神经理论的精妙之处娓娓道来，一种关于自主神经系统对人类行为影响的新理解就此诞生，随之而来的还有对各种难题的神经生物学解释。读者们会发现，导致来访者来接受治疗的许多令人费解的问题突然能从生物学上给出解释，并形成了自上而下解决问题的方案的雏形。来读一读这本书吧，你将在这些对人类状况的革命性观点中深受启发，并感受到其对你的生活、人际关系和临床实践带来的深远的积极影响。

——帕特·奥格登（Pat Ogden）

美国科罗拉多州博尔德市感觉运动心理治疗研究所创始人、教导主任

读者须知

临床实践和方案的标准会随着时间的推移而变化，并且没有任何技术或建议可以保证在所有情况下都是安全或有效的。本书旨在为心理治疗和心理健康领域的专业人员提供一般信息资源；它不能替代培训、同行评审或临床督导。出版商和作者均不能保证任何特定建议在各方面完全准确、有效或适当。

献给历经伤痛仍英勇寻求安全的人们。

目 录

CONTENTS

第二章　多层迷走神经理论与创伤疗愈

023

斯蒂芬·W. 波格斯与露特·布琴斯基

第五章

安全信号、健康与多层迷走神经理论

斯蒂芬・W. 波格斯与露特・布琴斯基

161

前　言

为什么要写成一本访谈录

此前我出版的《多层迷走神经理论》[①]一书将多层迷走神经理论的科学基础进行了归档，向临床医生等专业人士提供了多层迷走神经这个新视角，在理解人类行为方面提供了新的概念和见解，并强调了心理体验和身体表现之间的重要联系。这本书收录了许多发表在科学期刊和学术书籍上的修订论文，方便人们从大量专业文献中找到需要的内容，但它的受众是科学家，所以写得相对晦涩难懂。因此，我很高兴这本书从晦涩的科学出版物中脱颖而出，毕竟，学术出版物在亚马逊一类的公

[①] Porges, S. W. (2011). *The Polyvagal Theory: Neurophysiological Foundations of Emotions, Attachment, Communication, and Self-regulation.* Norton Series on Interpersonal Neurobiology. New York, NY: W. W. Norton.——原注

共门户网站上的发行量有限，而且售价往往不低。

我写这本书本来是为了将构建多层迷走神经理论体系的文献进行归档汇编，出版后的情况却出乎我的意料。这本书很畅销，受到了许多不同领域专业人士的欢迎，并被译成了德语、意大利语、西班牙语和葡萄牙语。它激发了人们对多层迷走神经理论的兴趣，也让我得以受邀到许多国家的学术会议上发表演讲，并参加了许多网络研讨会。伴随着对这一理论的兴趣，临床医生和来访者希望这个理论更容易理解。很多人告诉我这本书读起来太晦涩难懂，而我的演讲则通俗很多。我通常这样回答他们：我演讲的目的是沟通交流，而在学术写作时，我的目的是在科学出版物的框架之内展示数据和思想，所以有那样不同的效果。

在过去的几年里，经过许多临床医生的提醒，我意识到我有责任将理论中难懂的内容解构成一种易于理解的书面形式。因此，本书应运而生。我通过回顾一些访谈记录来完成这一解构过程，但因为这些访谈是由临床医生进行的，所以我回答的重点一般都在理论的临床应用方面。

本书开头有一个介绍性章节，后面还有一份术语列表，前者介绍了该理论产生的科学和科研环境，后者可以让读者们熟悉多层迷走神经理论的构造和基本概念。访谈的内容也经过了编辑，以提高完整度和清晰度。访谈的形式提供了一种自然、放松的方式，让读者了解多层迷走神经理论的相关临床特征，帮助临床医生了解神经系统如何适应挑战，帮助心理治疗师制订治疗策略、通过社交互动恢复生物行为的调节能力。这些记录经过了精简，以减少冗余并保证讨论重点突出；相对地，我拓展细化了一些回答。读者会注意到，有些主题并没有因重复而被删除，反而在不同访谈中进行了讨论，这是因为将多层迷走神经理论的核心概念在不同背景下重新讨论，提供了扩大其现实意义和提高临床价值的机会。

为什么要关注我们对安全感的追求

与临床领域的接触，促使我努力用更容易理解的形式来传达多层迷走神经理论的创新和价值所在。我的讨论集中在自主神经系统如何通过调节来有效表达不同类别的适应性行为（adaptive behavior）。多层迷走神经理论强调，我们可以根据人类的演化历史理解促进社交行为的神经回路和促进两类防御策略的神经回路。这两类防御策略就是与"战斗或逃跑"（fight or flight）反应相关的动员化（mobilization）策略和与"躲藏或假死"（hide or feigning death）反应相关的非动员化（immobilization）策略。在系统发育过程中，最新近的哺乳动物演化出了一种促进社交行为的脸-心联系回路，而脸部和头部横纹肌的神经调节在神经生理学上是与心脏的神经调节联系在一起的。根据多层迷走神经理论，脸-心联系为人类等哺乳动物提供了一个综合性的社会参与系统（social engagement system），该系统通过自主神经调节的面部表情和发声来侦测以及向同物种个体传达"安全"信号。在这一理论模型中，我们看、听和发声的方式表达着我们是否安全可靠近。

最近，在一次线上研讨会的访谈之后，我的听众们在博客上发表了一些评论，这些评论使我意识到他们是在用一种超越科学复杂性的方式理解多层迷走神经理论。作为科学家，多年来我秉承严谨务实的原则，习惯了撰写科学论文，但我发现，研讨会上轻松随兴的交谈也是一种传达理论精髓的方式，而且有效又简洁易懂。听众们从一小时的访谈中得出的信息很简单：对安全感的追求是健康生活的基础。

在写作本书时，我希望强调安全感在疗愈过程中的重要作用。从多层迷走神经理论的角度来说，安全感的缺乏是引发身心疾病的核心生物行为学因素。我真诚地希望我们能进一步理解我们对安全感的需要，由此在社会、教育和临床方面催生新的思想和行事方案，使我们在邀请他人共同调节（co-regulate）以寻求安全感时更加顺利。

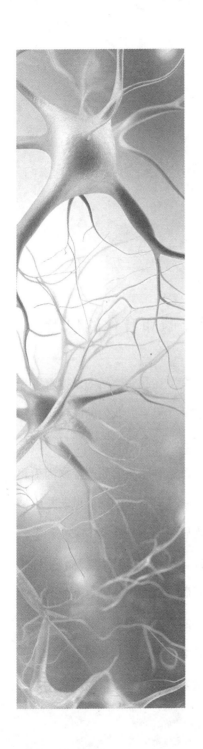

第一章

安全感的

神经生物学原理

多层迷走神经理论发现之旅

思想与感觉：关于大脑和身体的思考

　　我们直觉上就能感觉到"安全"在我们生活中发挥着重要作用，但令人惊讶的是，尽管它如此重要，我们的医疗机构却忽视了它。我们对安全的意义产生这样的误解，大概是因为我们以为自己清楚到底什么是安全。这种想法需要改变，因为我们用来描述安全的言语同我们的身体对安全的感受可能是不一样的。在西方世界，我们更重视思想而不是感觉，家庭和学校的教育以拓展和提高认知为目标，同时压抑身体感觉和生理冲动。这一教育方针就导致了一种以皮质为中心的自上而下的偏差，心智过程得到强调，而自下而上的身体感觉却遭到了极大程度的忽视。我们文化的很多方面，包括教育和宗教机构，都明确地压制身体感受，同时推崇大脑的思维过程。历史上，笛卡尔说"我思故我在"（Je pense donc je suis）而没有说"我感故我在"（Je me sens donc je suis），就明确阐释了这一点。注意，我用了动词"感觉"的反身形式。在法语中，被用作反身动词的"感觉"强调的是个人内心存在的感觉；在英语中，动词"感觉"的含义很模糊，它可以指物体接触产生的感官感受，也可以指情绪反应产生的主观体验。

关于认知和感觉相对贡献的争论，一直是理解、调整和优化人类行为和情绪体验的历史问题的核心。情绪和对主观感觉状态的研究真正成为受认可的一类心理学研究领域，到现在也不过50年的历史。前人研究、包括家庭教育在内的教育，以及临床治疗的重点都在认知方面，以增强认知能力、压制主观感受为目标。这一侧重点强调行为和认知功能的客观性以及可测量的指标，摒除主观的个体感受。

感觉研究开始成为正经的科学课题

1966年我研究生毕业进入科学界时，科学界并不认为对身体感觉的研究是应该存在的研究领域。在当时的科学界看来，"情绪"只是一种动力。情绪研究主要在实验室老鼠身上进行：通过控制食物的供应来操控动力，以动物的排便量量化情绪反应（e.g., Hall, 1934）。

在行为主义的复苏和认知革命推动对心理过程的关注之前的世界，是一个科学的世界。随着行为技术应用到特殊教育和临床心理学领域，行为主义逐渐融入应用领域。认知科学随着记忆、学习、决策、概念形成和问题解决等新理论的发展而进步，并随着人工智能和机器学习模型的产生拓展到了工程和计算机科学等领域。随着认知科学家接触到更先进的脑功能监测技术，例如脑成像和电生理技术，他们将这些技术和认知科学、神经科学整合了起来，形成了认知神经科学。尽管行为和认知都依赖于神经系统，但应用行为主义和认知科学都没有将神经生理状态当作研究行为和心理过程的中介。行为主义一直对神经系统持不可知论的态度，而认知神经科学则专注于识别认知过程中与大脑有关的可量化的相关关系。

在刚进入研究生院学习时，我就立刻被名为"心理生理学"（psychophysiology）的这个新兴跨学科研究领域吸引了。这门新学科的第一本期刊在我研究生入学的几年前才刚出版，那时也只有两三本相关课题的书可以作为研究生学习的资料。心理生理学的研究重点是测量控制心理的生理反应（Stern, 1964）。心理生理学的研究方法也吸引了我，它提供了一个客观和可量化的方案，用生理反应（如皮肤电、呼吸、心率、

血管舒缩）来探索主观体验，且不要求参与者做出随意反应
（voluntary response）。这些将心理过程和神经生理现象联系起
来的测量方法，直到现在都被普遍用于心理生理学和认知神经
科学的研究。在过去的50年里，尽管用于监测生理和神经生
理状态的传感器，以及用于提取追踪心理过程变量的量化方法
都在发展过程中发生了很大的改变，这一研究范式却几乎没有
多少变化地保留了下来。

心理生理学研究中的心率变异性

在研究生学习期间，我发表的第一份研究成果是将心率变
异性（heart rate variability）先后作为因变量（Porges & Raskin,
1969）和中介变量（Porges, 1972）进行量化，两者之间的区
别是理解实验范式转变的一种重要的典型特征。在我开始研究
时，心理生理学范式是用生理反应作为因变量来定义的，这意
味着对生理反应的监测是在心理得到有效控制的条件下进行
的。这一范式符合传统的刺激-反射（S-R）模型，即心理控
制是刺激（stimulus），而生理反应是反射（response）。通过这
一范式，我的研究显示了心率、心率变异性和呼吸的变化。

我的研究记录显示，心率变异性降低是注意力和脑力活动

持续的有力指标。我在研究中注意到,参与者没有做需要注意力的任务时,心率变异性存在个体差异。这种心率变异性的基线测量与心率和心率应刺激而改变的幅度有关。基于这些观察,我开始按心率变异性的高低将参与者分成小组(e.g., Porges, 1972, 1973)。我的这些研究可以说有些先知先觉了。后来,越来越多的人开始做将心率变异性的个体差异与认知表现、对环境刺激的敏感性、精神病学诊断、身心健康和心理韧性联系在一起的研究,关于这些研究的出版物也开始暴增。随着心率变异性的作用在文献中得到认可,其他人也开始研究如何用生物反馈、呼吸训练、体能训练和冥想等技术来提高心率变异性。

调节心率变异性的神经机制

在观察到心率变异性个体差异与注意力的测量(如反应时间)及自主神经反应(如心率变化)之间的联系时,我开始了新的研究计划。我打算弄清楚心率变异性的个体差异为什么会与注意力的持续和行为状态的调节有关。因此,我开始在动物身上研究心脏的神经调节,以了解形成心率变异性的心跳模式的神经通路。

在研究神经生理学和神经解剖学时，我发现既有文献已经足以让我们从心率变异性中发现迷走神经调节的神经信号信息。在20世纪初的一份出版物中，德国生理学家赫林报告称，呼吸提供了测试迷走神经如何控制心脏功能的机会（H. E. Hering, 1910）。赫林说："众所周知，呼吸可以显著降低心率……表明了迷走神经的功能。"

开拓迷走神经对心脏调节的灵敏测量方法

在了解到迷走神经心动抑制纤维随呼吸而启动后，我有了在神经生理学层面进行一次改变的充足理由。我不再对心率变异性进行整体测量，而是开始测量更准确的、可以表征迷走神经对心脏进行调节的部分。这一转变催生了将呼吸性窦性心律不齐（RSA）量化为心脏迷走神经张力（vagal tone）的精确指标的新方法。根据赫林的描述，RSA是迷走神经影响心率的功能性表现。与呼吸相关的迷走神经对心脏的影响表现为心率节律性的增加和减少。迷走神经的影响越大，节律性增减的幅度就越大。除此之外，RSA也是神经反馈回路的一种功能表征，这一回路动态调节着迷走神经对心脏搏动的抑制。反馈系统接收来自肺部和心脏的输入信息并上传到脑干，也会将来自更高级脑区的信息传给脑干。我们可以对这一系统输出的参数进行振幅和频率的测量。振幅体现迷走神经的影响程度，频率则反映了呼吸速率。

有了这一新方法，我的研究转向了一个可以对迷走神经调节自主神经状态（autonomic state）进行连续监测的神经生理学模型，我可以对迷走神经调节中发生的具体的状态改变进行精确监测。20世纪80年代中期，我的研究又转向了有行为状态调节障碍的临床群体，比如早产儿。因为我的研究在集中监测生理状态，我想趁机将研究中的监测拓展到临床环境中，开发一种便携式"迷走神经张力监测器"（Porges, 1985），以便在医院环境中监测迷走神经调节心脏的连续数值。通过一家名叫Delta-Biometrics的小型公司，我们生产并出售给研究员们了100台这样的设备，但现在，这家公司已经不存在了。

用S-R模型测量生理状态

在我看来，在应用行为技术（如行为矫正）和认知科学领域，人们对生物学作用的认识即使不是没有，也认识得不够充分。认知科学与神经科学的结合并没有改变认知科学的模式，而只在因变量中加入了对中枢神经系统功能的测量。因此，尽

管脑功能成像和脑电生理监测等研究大量涌现，这一范式仍然
没有改变。这些研究沿用了传统的 S-R 模型，仅将少量的生
理学或神经生理学的模型信息进行了整合。

在应用行为科学领域，正如国际行为分析协会（Association
of Behavioral Analysis International, ABAI）的成员和期刊所称，
个体基本的生理状态并不会被视为他们用以建立和强化 S-R
关系的方法的决定性因素。几年前，我有幸在 ABAI 年度会议
上发表了一次关于斯金纳（B. F. Skinner）理论的演讲，题目
是 "多层迷走神经理论视角下的行为矫正"。在演讲中，我说
我在找寻能测量生理状态的变量，以将其作为界定行为方法的
S-R 关系之间的一个中介变量。我重新介绍了一个古老的学习
模型，承认有机体体内的变化作为 S-R 关系的调节因素的重要
作用。在过去的 S-O-R 模型中（e.g., Woodworth, 1929），"O"
代表有机体（organism），并在 S-R 范式中充当中介变量，但
这些 S-O-R 模型中的 "O" 并没有神经生理学基础，也没有把
生理状态作为本质特征。

我在演讲中解释道，心率变异性的测量为自主神经系统神
经调节的测量提供了一个监测 "O" 的机会，因其会在行为矫
正的范式和方案中作为中介变量发挥作用。此外我还提出，既
然生理状态可以被人为控制，那么环境等干预因素也可以通过

影响"O"来强化结果。我建议将 RSA 当作一种迷走神经对心脏的调节指标，将其用作行为矫正范式的一个中介变量。

我在演讲中问到了生理状态能否解释行为矫正程序有效性的个体差异和情景变化，并建议在 S-O-R 框架内设计新的行为范式。这些新理论框架用环境来控制生理状态，使迷走神经调节达到一个更佳水平，从而在功能上提升行为矫正方案的有效性。这次演讲很受欢迎，并让所有与会的行为主义领域杰出人士得以在不与自身方法论和理论范式发生冲突的情况下接纳神经生理学观点。

寻找中介变量

我的科研生涯中一直有一个个人目标，那就是寻找一种促进我们理解个体行为差异的中介变量。在这样的探寻之旅中，我认识到了自主神经状态作为行为和包括安全感在内的心理体验的神经平台（neural platform）的重要性。基本上，自主神经状态对行为的影响并不是一对一的，但行为和心理体验出现的范围仍受到自主神经状态的限制。还可以用另一种方式看待这一关系：将自主神经状态的变化概念化为特定行为与心理感受发生概率或可能性的转变。

我的研究完成了多层迷走神经理论的概念化，实际上也映射了我所在学术机构务实主义的需求。大学的运作并没有考虑到保障教员们的安全感，其评估模式一贯明确而客观。在这种模式下，我们的观点和论文都会不断受到审查。长期生活在这样的环境下，我们的生理状态会发生转变以支持防御动作，但支持防御动作的生理状态与支持产生创造性和开拓性理论的生理状态是不相容的。好在学术环境存在隐性规则，理解这些规则让我得以拥有创造力去产生新的观点。

回想起来，我认为我的学术生涯可以分为三个阶段。在第一阶段，我进行的是描述性研究，并以此获得了终身教职，还晋升成了副教授。这期间我将心率变异性定义为一种重要现象，并进行了一系列实证研究。在第二阶段，我致力于解释调节心率变异性的神经生理学机制，其产生的科学贡献使我晋升成了教授，有机会在临床问题上应用我从早期研究中得到的知识。多层迷走神经理论诞生于第三阶段，并成了基于神经生理学、神经解剖学和演化论的身-脑或身-心科学的基础。提出这样一个挑战传统范式的理论具有相当高的风险，如果时机不成熟，我的职业生涯可能因此告终。但是，以我的学术成就为担保，为多层迷走神经理论争取科学信度仍然是有可能的。对我来说，第三阶段在我成为正教授 10 年之后才开始。我在心理生理学研究学会的主席演讲中提出了多层迷走神经理论（Porges, 1995）。幸运的是，这一阶段的工作在学术界和临床医学领域都得到了可观的收获。

多层迷走神经理论为解释生理状态作为影响个体行为和与他人互动能力的中介变量的重要性提供了理论基础，能够帮人理解风险和威胁如何转变生理状态以支持防御行为。此外，可能也是最重要的一点，该理论解释了为什么安全的定义并非威胁的移除，"感觉安全"依赖于环境和人际关系中的独特信号，这些信号对防御回路有积极的抑制作用，并能促进健康，增强爱与信任的感觉（e.g., Porges, 1998）。

安全与生理状态

当我们用身体反应而非认知评判来定义安全时，安全与环境的不同特征相关。从关键意义上来说，从适应性生存角度来识别安全的"智慧"存在于我们的身体以及不需要觉知参与运作的神经系统结构中。换言之，我们对环境中存在风险的认知评估，包括对潜在危险关系的识别，相比于我们对周围人和环境的本能反应，是处于第二位的。在多层迷走神经理论中，这种不引起觉知就能对环境风险进行评估的神经过程被称为神经觉（neuroception）(Porges, 2003, 2004)。与之相对，对身心健康的削弱，通常被定义为压力，并由认知能力的变化来测量，这一效果往往更依赖我们的身体反应，而不是事件的物理特征。

面对挑战时，我们的身体就像一个多导生理记录仪，即测谎仪。环境中的一些特性对一部分人来说可能是舒适和享受的，却可能引发另外一些人的不安和恐惧。无论是作为负责任的人、体贴的家长、好朋友、导师还是医生，我们都需要聆听自己身体的反应，尊重他人的反应，帮助自己和他人在这个危机四伏的世界里找到安全的环境，建立值得信任的关系。

那些在我们探索世界时提供保护的神经系统也有相同的特征，这为我们提供了大量关于来访者状态和需求的信息。我们有这种精细的能力，可以从来访者的音调、面部表情、手势和姿势中推断出他们的状态和意图。这些信息也许无法用语言来清晰表达，但只要仔细体会患者给我们的感觉，我们就能从中得到治疗上的启发。

多层迷走神经理论挑战了我们的教育、法律、政治、宗教和医疗机构对安全的定义，通过将"安全"的定义从带有护栏、金属探测器和监控探头的环境结构模型转变为评估自主神经状态的神经调节变化的内脏敏感性模型。这一理论挑战了我们关于如何对待他人的社会价值观，并迫使我们发问，质疑社会是否给我们提供了足够且适当的机会体验到安全环境和可信关系。一旦我们意识到在学校、医院和教堂等社会机构里，我们会不断地受到评判，而且长期身处这种氛围中会激发危机感和威胁感，我们就能意识到这些机构可以像政治动荡、金融危机或战争一样对健康具有破坏性。

多层迷走神经理论从神经生物学视角强调"安全"的重要性，并研究人们侦测到风险时在生理状态、社交行为、心理体验和健康方面的适应性结果。该理论将临床疾病重新解释为特定神经回路的神经调节障碍，这些神经回路负责着防御性反应的中止和社会参与的自发性启动。这种观点与传统学习模型不同，传统学习模型假定反常行为是习得的，可以通过学习理论强调的联想、消除、习惯等手段进行矫正治疗。在当代生物精神病学中，药物处理是主要的治疗模式，但多层迷走神经理论与之不同，尽管它没有排除药物干预。

多层迷走神经理论还催生了一个补充模型，该模型侧重于理解和重视生理状态，将其作为一个"神经"层次上的平台，不同类别的适应性行为都可以通过它有效表现出来。例如，最佳的社交行为和有效的防御策略可能与不同的生理状态都有所关联。对多层迷走神经理论的理解有助于临床医生注意到来访者的生理状态，并将之视作可表达行为范围的一个主要决定因素加以重视。此外，该理论可以催生以特定的"神经练习"（neural exercise）为基础的新疗法，以改善自主神经状态的调节。

安全和安全信号对生存的意义

在爬行动物向哺乳动物演化的过渡期间，其神经系统演化出了一种新的安全识别能力，这种能力在判断哪些同物种个体能够安全靠近和接触方面尤为突出，但这种适应性能力需要特定的神经机制，以关闭爬行动物等更"原始"的脊椎动物所特有的、高度发达的防御模式。哺乳动物的这种安全识别是受几种生物需求所驱动的。第一，与早已灭绝的远古爬行类祖先不同，所有哺乳动物出生时都需要母亲的照顾。第二，包括人类在内的一些哺乳动物物种为了生存都需要长期的社会相互依存关系。对这些哺乳动物来说，被孤立是一种"创伤"，会对健康造成严重损害。因此，哺乳动物需要有识别出安全环境和安全的同物种个体的能力，以关闭防御系统来养育下一代、做出合适的社交行为。第三，哺乳动物的神经系统需要安全环境来执行各种生物和行为功能，包括繁殖、哺乳、睡眠和消化，这在动物孕期和生命早期等脆弱时期尤为重要。这种实现特定生物功能的安全需求中包含着对社交行为表现和情绪调节的需求。

在已灭绝的远古爬行动物到哺乳动物的演化过程中存在几种特别的神经生理学变化，这些变化与社交行为和情绪调节有关。与身心健康相关的观察显示，这些神经回路在危险和威胁生命的环境中，以及严重的身心疾病情况下经常无法正常工作。多层迷走神经理论强调，只有在神经系统判断环境安全的情况下，支持社交行为和情绪调节，参与健康、成长和恢复功能的神经回路才能正常运作。

安全是人类能在多个领域最大程度发挥潜能的关键。安全状态不仅是社交行为的先决条件，也是能运用高级脑部结构以使人类具有创造力和生产力的前提。但是我们的教育、政府和医疗机构在维护巩固安全状态方面做了什么呢？我们的文化和社会环境在尊重个体安全需求方面又优先做了什么呢？我们需要了解这个世界上有什么会破坏我们的安全感，并意识到生活在不安全的世界中对人类发挥潜能会造成的损害。只有认识到自己在危险和生命威胁面前的脆弱性，我们才能开始重视社交行为和社会参与系统（Porges, 2007）在抑制防御系统方面的重要性，以让我们能够建立强力的社会联结，同时在健康、成长和恢复功能的运作方面提供支持。

许多治疗模型都参考了多层迷走神经理论的内容，将身体反应和生理状态解释为神经生理学上的平台，在此基础上将干预技术融入有效的治疗模式中。多层迷走神经理论指出了我们的心理、生理和行为反应如何与我们的生理状态息息相关，并强调了身体器官和大脑之间通过迷走神经等参与自主神经系统调节的神经进行的双向交流。理论同时解释了演化过程对我们自主神经系统调节方式的改变。逐渐发展的理论同时展现了哺乳动物怎样与同为脊椎动物的亲属们分道扬镳：它们在演化中拥有了新的神经通路，能够侦测安全信号并进行共同调节（co-regulation）。

社会参与和安全

从多层迷走神经理论的角度看，包括注视、聆听和目击行为在内的临床互动证明了该理论的一些相关特征：身体器官的反馈和社会参与系统会帮助我们在心境状态和情绪中将主观感受表现出来。社会参与系统是一个神经通路的功能性集合体，调节着头部和面部横纹肌，投射着身体的感受，同时也是改变身体感受的入口，可以涵盖从促进爱与信任的平静安全的状态到激发防御反应的脆弱状态的改变范围。

　　注视和聆听的行为印证了社会参与系统的一个重要属性，因为注视一个人的过程既是一种参与行为，也是注视者身体状态的投射。根据注视者的身体状态，被"注视"的人会感受到"注视者"的友善与否。对来访者进行观察和感受的过程包含了心理治疗师对来访者参与行为的身体反应，以及心理治疗师互惠的参与行为中所包含的身体感觉的投射。

　　在治疗过程中，观察、聆听和感受对方是社交互动中身体状态和情绪变化过程之间动态双向交流的例证。为了使社交互动能够让互动双方相互支持并促进生理状态的共同调节，双方社会参与系统释放的信号需要传达对等的安全和信任，这时积极的参与者，不论男女老幼，都在与彼此的相处中享受片刻安然。这样获得共同的主体间体验的过程就像在一把密码锁上输入密码，等到锁扣"咔嗒"一声落下，心扉就此打开。

　　社会参与行为和生理状态之间的联系是已灭绝的远古爬行动物向哺乳动物过渡的演化产物。在演化过程中，神经生理学上的改变使哺乳动物能够侦测同物种个体的情感状态或向同物种个体发出情感状态的信号。这种革新使它们拥有了释放安全信号的能力，以表示自己能被安全靠近、接触和建立社会关系；另一方面，如果释放的信号显示了攻击性或防御状态，它们也能在不造成冲突或潜在伤害的情况下立刻终止接触。

构成社会参与系统和面部表情、进食、聆听和发声调节的神经和生理结构，在演化中与自主神经系统中负责镇静心脏、减少防御反应的神经通路整合在一起。这一将生理状态、产生（如做出面部表情、发声）与侦测（如通过声音、味道）情绪信号的神经回路建立联系的演化进程是哺乳动物的一大决定性特征。从功能上来说，这种身体状态与面部表情及发声表现之间的整体联系使得同物种个体能够区分危险信号和安全信号，并在无法战斗或逃跑时假死。这一双向系统为社交沟通提供了机会，包括对共同调节的需求，以及受到伤害之后对共同调节进行维护和恢复的机制需求。

这个综合系统与面部和头部肌肉的神经调节相关，而这些肌肉负责传递一个人是否安全可靠近的信息。我们对安全的显性生物需求和与他人建立联系、进行共同调节的隐性生物必要性（biological imperative）都包含在社会参与系统之中。我们如何看待彼此是这种联系能力的重要体现：一个人传递出理解、共感和包含意图的微妙信号，这些信号经常与发声的语调或韵律相呼应，传达关于生理状态的信息。只有处于平静的生理状态，我们才能向他人传递安全信号。能否进行这些联系和共同调节决定了母子、父子等关系能否成功建立。社会参与系统不只是一个人生理状态的表达通道，还可以是对他人痛苦或安全信号的侦测途径。一个人侦测到安全信号时生理状态就会平静下来，而侦测到危险信号时则会激活防御系统。

小　结

多层迷走神经理论展示了一种新的视角，即"感觉安全"依赖于自主神经状态，安全信号有助于自主神经系统保持平静。生理状态的平静可以增加建立安全和可信任关系的机会，而这些关系会促进行为和生理状态的共同调节。这一调节的"循环"明确了健康关系的定义，即能够支持身心健康的关系。在这一理论模型中，我们的身体感受（即自主神经状态）是我们对他人产生反应的一个中介变量。当处于交感神经被激活的动员化状态时，我们被"调整"进入偏向防御的状态，而不再释放安全信号或对安全信号做出积极回应；但当自主神经状态受到腹侧迷走神经通路的调节时，我们的社会参与系统会通过声音和面部表情协调传达安全信号，以此来减少自身和他人的防御状态。社会参与系统之间的协调催生了社交联结（social connectedness）。多层迷走神经理论同时解释了为什么治疗方案不仅需要重视身体感受，也需要为产生优化人类体验中"积极"特性的生理状态提供支持。

多层迷走神经理论提出，与他人建立联结和共同调节是我们的一种生物必要性。我们将这一生物必要性视为对安全的一种内在追求，而它只能通过成功的社会关系实现。在这样的社会关系中，我们可以对自身行为和生理状态进行共同调节。对"感觉安全"在生活中重要性的思考使我们意识到，对感受的生理特征和引发感受的信号的理解能指导我们改善关系，为来访者、家人和朋友提供支持。联结具有生物必要性。因此，为了建立和维持联结，我们在日常生活工作中需要树立让自己"感觉安全"的目标。

第二章

多层迷走神经理论
与创伤疗愈

斯蒂芬·W.波格斯与露特·布琴斯基

创伤与神经系统

布: 我是露特·布琴斯基，美国康涅狄格州认证的心理学家和国家行为医学临床应用研究所（National Institute for the Clinical Application of Behavioral Medicine, NICABM）主席。

今天，我们的嘉宾是斯蒂芬·W. 波格斯博士，一位将为我们理解创伤等疾病的方式带来转变的人。那么波格斯博士，当一个人受到创伤时，他的内在到底发生了什么？

波: 我们在理解创伤的神经生理学反应上存在一个主要问题，就是我们早已将创伤概念化为一种与压力相关的疾病。这样归类之后，我们在讨论其成因、机制和治疗时，就会忽视创伤特有的一些重要属性。产生这个问题的根源是我们的一种误解，即人类神经系统对危险和生命威胁的反应只是一种常见的、由交感神经系统（sympathetic nervous system）和下丘脑-垂体-肾上腺轴（hypothalamic-pituitary-adrenal axis, HPA axis）完成的应激反应。心理治疗师和科学家都认为人类神经系统在管理战斗或逃跑行为上有一个单一的防御或应激系统。多层迷走神经理论则强调危险和生命威胁会引发不同的防御反应，危险反应与常见的应激反应概念有关，表现为通过交感神经系统和肾上腺完成的自主神经被激活程度的增加。然而，该理论也发现了与生命威胁相关的第二种防御系统，即通过副交感神经系统（parasympathetic nervous system）的一条古老的神经通路对自主神经功能进行大幅度抑制。

我们都熟悉"典型"应激反应的负面影响，它会干扰我们神经系统用以支持健康的功能。压力会破坏自主神经系统、免疫系统和内分泌系统的调节，从而导致我们更容易患上身心疾病。每一本学术心理学书籍中都描述过这种防御系统，它是探讨健康和心理体验之间联系的核心，也在神经内分泌学、神经免疫学、心理生理学和身心医学等分支学科领域中有所提及。然而，这些讨论都遗漏了对第二种防御系统的描述，这种防御系统不再有战斗或逃跑反应的动员化状态，而主要表现为非动员化、行为上的"关闭"（shut down）和解离（dissociation）。诚然，战斗或逃跑行为在功能上适用于对危险信号的反应，却不那么适用于无法逃跑或反击的场合。

与战斗或逃跑反应相反，对生命威胁的反应引发的第二种防御系统，表现为非动员化和解离。在防御中转入非动员化状态的身体会进入一种独特的、有可能致命的生理状态。这种反应通常在小型哺乳动物身上出现，比如被猫捕获的野生家鼠。落入猫爪的老鼠看起来已经死了，但事实上并没有死。我们将老鼠的这种适应性反应称为"假死"或佯装死亡。然而，这并不是一种有意识的反应或随意反应，而是一种适应性的生物反应，用以应对无法利用"战斗或逃跑"机制进行防御或逃跑的情况。这种反射性反应，跟人类因为恐惧而晕厥是差不多的。

创伤的治疗之所以困难，是因为我们缺乏对威胁的适应性生物反应的全面认识。遗憾的是，就连许多专职从事创伤治疗的医生也不熟悉这种非动员式防御系统。

对科学文献的追踪表明，这种盲点出现是因为非动员式防御系统跟主流的应激理论不相容，后者侧重于肾上腺和交感神经系统支持的动员式防御策略。

多层迷走神经理论强调，我们的神经系统不止有一种防御策略，而到底该使用动员式"战斗或逃跑"防御策略，还是用非动员式"关闭"防御策略，并不属于随意决策。在意识觉知范围之外，神经系统会不断地对环境中的风险进行评估、做出判断，并为适应性行为设定行动次序。我们对这类过程的发生浑然不觉，它并非一种有意识的、在执行决策时会涉及的心智过程。

环境风险的特定物理特性会触发一些人的战斗或逃跑行为，却可能会导致另外一些人进入完全的"关闭"状态。我想要强调的是，对创伤的成功治疗更重要的是理解创伤反应，而不是解释创伤性事件。

创伤性事件对一些人来说只是发生过的事件，对另一些人来说却会触发危及生命的反应。他们的身体会按照濒死情境做出反应，就像在猫爪下的老鼠一样。

布：这是不是就能解释士兵参战后的差异呢？他们都同样经历了战争，在经历可怕的事件后，有的患上了创伤后应激障碍（post-traumatic stress disorder, PTSD），有的却没有。

波：是的。问题还是在于，我们讨论特定精神障碍时总是只描
述各种症状，而这些症状不一定总是一起出现。这就像
餐厅的菜单，午餐或晚餐会提供什么由有限的可选食物
决定，有的人会喜欢这些食物，但有的人会觉得它们恶
心。临床诊断同理。一位医生根据一系列症状得出诊断，
并不意味着有此诊断的每一个人都经历了相同的神经生
理反应或有相同的临床表现。

　　临床医生大多明白这一点。他们知道一位有某种特
定诊断的患者不一定和他们见过的任何其他患者相似，
对某一位患者有用的治疗方案也不一定会对另一个人
起效。

多层迷走神经理论的起源：迷走神经悖论

布：那么我们来聊聊多层迷走神经理论，以及它是如何帮助我
们理解创伤的吧。

波：在讨论这个理论之前，我想先介绍一下它产生的背景。

　　我经常说，我从来没有刻意寻求建立多层迷走神经
理论。在构建这一理论之前，我的学术工作要轻松得多，
研究进展顺利，有足够的资金支持，而且还一直在发表

论文。我曾经沉浸在开发更好的迷走神经活动的测量方法之中，我认为这能帮助我们更容易地监测神经系统的防御性功能。

作为背景知识，我先介绍一下迷走神经。迷走神经是一种脑神经（cranial nerve），起自脑干，延伸至我们体内的各个器官，在脑干和器官之间充当双向管道。虽然我们的关注重点通常是迷走神经的运动功能以及运动通路对心脏和肠道的调节，但迷走神经主要还是一种感觉神经，其大约80%的纤维负责将信息从内脏传递到大脑，剩下的20%组成运动通路，使大脑能够动态地、有时又能剧烈地改变我们的生理状况，其中有些改变甚至可以在几秒内发生。比如，迷走神经运动通路可以让我们的心跳变慢，同时刺激胃肠道。

迷走神经在兴奋状态下就像心脏的一套刹车装置，当刹车装置被移除时，迷走神经张力降低，心跳由此加速。从功能上讲，作用于心脏的迷走神经通路是抑制性的，会减缓心率，也就是人们感受到的平静状态。因此，迷走神经的功能通常被认为是一种"抗压力"机制。

然而，也有文献对迷走神经这一属性的积极影响进行了反驳，并将迷走神经机制与致命的心动过缓联系在一起，认为其在功能上会导致猝死。因此，被认为是抗压系统的迷走神经，也有能力在威胁生命的情境中终止心跳或引发排便，以对威胁做出反应。

在研究生期间学习自主神经系统时，我了解到迷走神经是副交感神经系统的主要部分，而副交感神经系统是与交感神经系统相对立的一种神经系统。功能上，自主神经系统的交感神经部分会调动身体，让我们动起来；而迷走神经发挥的则是镇静、成长和恢复功能。

在几乎所有解剖学或生理学教科书中，自主神经系统都被描述为一种由两个部分组成的成对的拮抗系统。打个比方，交感神经系统支持"压力"的产生，是我们的"死敌"；而副交感神经系统则有能力抑制这个"死敌"的影响。最终结果就是这两个拮抗系统之间达成了平衡。

在临床领域，我们用"自主神经平衡"（autonomic balance）这样的术语来表达一种期望，即我们应该有更多副交感神经和迷走神经活动，这样我们就会更平静。如果减少这样的迷走神经活动，减小迷走神经张力，我们就会变得紧张过激并感受到"压力"，但是这种对自主神经系统的简明解释只有一部分是正确的。是的，我们的大多数内脏的确同时拥有来自副交感神经系统和交感神经系统的神经连接，而且副交感神经纤维也多半经由迷走神经传递。

对我来说，这种流行模式的效用在我进行新生儿研究的时候就消失了。我当时正在研究新的测量方法，以便从心跳的逐次跳动中测量迷走神经活动，我认为这样能找出一项保护性的指标，引导临床医学研究和实践往更积极的方向发展。我的研究表明，拥有高水平的迷走神经活动（即迷走神经张力）的新生儿的临床结果更为良好。我量化了一种叫作"呼吸性窦性心律不齐"（RSA）的节律性心率模式，以此进行迷走神经活动的测量。RSA 是一种心率节律性随自主呼吸而增减的现象。但是，一些婴儿的心跳保持在一个相对稳定的节律，没有呼吸模式，即没有出现 RSA。这些婴儿有着患上严重并发症的风险。

基于这些发现，我写了一篇论文，发表在了《儿科学》（*Pediatrics*）杂志上（Porges, 1992）。该论文的目标是帮助新生儿科和小儿科医生了解在新生儿护理中测量作为心率变异性一部分的 RSA 的作用。这篇论文发表后，我收到过一位新生儿科医生的来信，他写道："您论文中说的迷走神经活动具有保护作用的概念与我了解到的不一致，医学院教我的是，迷走神经可能致命。"我马上就明白了这位新生儿科医生的意思。在他看来，迷走神经会产生威胁生命的心动过缓和呼吸暂停现象，即心率大幅度降低和呼吸停止。对很多早产儿来说，心动过缓和呼吸暂停都是致命的。接着他指出，这大概就是一种有利事物的物极必反。他的观点让我产生了将我们对自主神经系统理解的这一空缺修补起来的动力。

我非常认真地思考了他的意见，并开始审视我在研究中观察到的情况，随即意识到我的研究中从来没有在 RSA 出现时观察到心动过缓和呼吸暂停现象。带着这种认识，我提出了迷走神经悖论（vagal paradox）。迷走神经的功能在表现为 RSA 时具有保护性，但在表现为心动过缓和呼吸暂停时则具有危害性，它是怎样同时具有这两种矛盾性质的呢？

一连几个月，我都把那位新生儿科医生的信放在公文包里。我试图解释这一悖论，但我的知识太有限，短时间给不出合理的解释。为此，我研究了迷走神经解剖学，想看看是否存在不同的迷走神经回路在调节这些相互矛盾的反应模式。

确定这一悖论背后的迷走神经机制，为多层迷走神经理论的成型奠定了基础。在完善这一理论期间，我明确了两种迷走神经系统各自的解剖学属性、演化史和功能：一种调节心动过缓和呼吸暂停，另一种促成 RSA；一种可能致命，另一种却可能具有保护性。

两种迷走神经通路起自脑干的不同区域，通过对两者解剖学属性的比较研究，我发现这两种回路是先后演化出来的。大体上说，我们体内有一个基于系统发育史的自主神经反应层级。这些事实构成了多层迷走神经理论的核心。

非动员化、心动过缓和呼吸暂停是防御系统的组成部分，这种防御系统在哺乳动物出现很久以前就在远古脊椎动物身上演化出来了。我们现在也能在宠物店爬行动物身上看到这一防御系统的表现：爬行动物不会做出很多动作，因为非动员化系统是一些爬行类物种的基本防御系统。仓鼠和小鼠等哺乳动物的行为却与之形成鲜明对比，它们一直在动，采取非动员化行为时则总是和兄弟姐妹们保持着身体接触。

以演化论作为多层迷走神经理论的组织原则，我开始认识到，不同的神经回路在不同的系统发育阶段参与不同的适应性行为。随着研究的继续，我发现了一种古老的防御系统，它与演化早期的脊椎动物有关，并且现在还存在于我们的神经系统之中。这种古老的防御系统具有非动员化特点，与战斗或逃跑防御行为所需的动员化相反。虽然非动员化、假死和使看起来没有生命迹象等状态对爬行类等脊椎动物是适应性的，但对需要大量氧气的哺乳动物来说却可能是致命的。如果某个危及生命的事件触发了这种将人类置于非动员化状态的生物行为反应，让他们恢复到"正常"状态可能就非常困难了。许多创伤幸存者就是这种情况。

重新解释自主神经系统

　　一个能够解释自主神经系统适应功能的新模型随着多层迷走神经理论的发展而出现。在该理论中，自主神经系统的状态和反应不再被解释为只是副交感神经和交感神经成对拮抗的结果。相反，要想更好地解释自主神经功能，就需要认可三种功能性子系统，它们作为生物演化的功能而分层组织。在人类等哺乳动物身上，这些子系统包括：（1）为膈肌下方器官提供主要的迷走神经调节的无髓鞘迷走神经通路；（2）为膈肌上方器官提供主要的迷走神经调节的有髓鞘迷走神经通路;(3)交感神经系统。

无髓鞘迷走神经通路是最早演化出来的,大多数脊椎动物都有。在人类等哺乳动物之中,当个体处于安全环境时,这一古老的系统维持着内稳态(homeostasis);但当个体调动防御模式时,它又转而支持非动员化,引发心动过缓和呼吸暂停,以节省代谢资源,并在行为上表现为"关闭"或崩溃,在人类身上还可能表现出解离现象。这一"关闭"系统对爬行动物很有用,因为它们的小脑袋需求的氧气比哺乳动物少得多,它们几小时不呼吸都不会有生命危险。相反,即使是水生哺乳动物,也只能屏住呼吸大约 20 分钟。

爬行动物的迷走神经系统是一种系统发育上的古老无髓鞘迷走神经的代表。与爬行动物相反,哺乳动物有两种迷走神经回路:一种是与爬行动物相同的无髓鞘迷走神经,一种则是哺乳动物专有的有髓鞘回路。这两种迷走神经起自脑干的不同区域。有髓鞘的神经回路提供更快速、更严密的组织反应。脊椎动物自主神经系统的演化始于支持非动员化行为的无髓鞘迷走神经,即使是软骨鱼类,比如鲨鱼和鳐鱼,也有无髓鞘迷走神经。

在系统发育层面，从硬骨鱼类开始，交感神经系统出现并开始影响内脏器官，作为对立于无髓鞘迷走神经的输入途径。在大多数情况下，交感神经通路增加内脏器官的活动，而无髓鞘迷走神经通路则会减少活动。这样一种包含着无髓鞘迷走神经和交感神经系统成对拮抗的自主神经系统，使得硬骨鱼类能够成群漫游、冲刺和停止。

哺乳动物身上出现了一种新的神经回路，这是一种哺乳动物独有的有髓鞘迷走神经。随着这一新的迷走神经回路的加入，自主神经系统的适应性功能得到了拓展。首先，两种迷走神经回路调节身体器官的作用出现了分离：无髓鞘迷走神经为膈下器官发挥着主要的副交感神经调节功能；有髓鞘迷走神经为膈上器官发挥着副交感神经的调节功能。不过在人类早产儿以及其他一些哺乳动物身上，有髓鞘迷走神经保护作用缺失，通往心脏的无髓鞘迷走神经通路会引发心动过缓。此外，哺乳动物脑干中新的有髓鞘迷走神经的发源区域与调节头肌和面肌的脑干区域是相连的。

直觉敏锐的医生都知道，他们可以通过观察来访者的脸、聆听来访者（由头肌和面肌控制发出）的声音，准确地推断出这些人的生理状态，并用这些信息来确定对来访者的提问。他们知道经历创伤的来访者的发声可能缺乏韵律（发声的语调起伏）、上半部分脸可能少有情绪表达。此外，这些来访者通常难以调节自身行为状态，可能会迅速从平静状态转变为过激反应状态。现在我们可以在很多场合见到这些生理表现。

多层迷走神经理论提出了一项概念，即自主神经系统不仅是一个成对拮抗的系统，而且是一个由三个子系统组成的层级系统，这一点我们之前讨论过。这一层级结构是作为演化的一种功能建立的，其中较新近的神经回路抑制较古老的神经回路。这一层级模型与约翰·休林斯·杰克逊提出的、用来解释伤病后脑回路抑制作用的退化（dissolution）结构相一致（1884）。

当我们面对挑战时，问题的重点在于我们怎样以及为何切换使用这些不同的神经回路。作为生存的适应性尝试，在面对挑战时自主神经系统从较新近的神经回路到较古老的神经回路依序进行调节。这一过程的信号或触发因素是什么？

我们生活在一个存在认知偏差的世界里，一切行为都有着"随意"这个假设前提，也会面对动机/结果或成

本 / 风险 / 收益等问题。然而，尽管自主神经系统神经调节中的状态转变对行为有着重大影响，却通常不是随意的，而是在我们接触到环境中特定信号时以一种更具反射性的方式发生的。即使人们一般觉察不到引发状态转变的信号，他们也经常能注意到自己的身体反应，比如心率加速、心跳加重和出汗等。这些反应都是不随意的，而不是人们想要这么做。

我们在临床上也能观察到类似的反射性状态转变，包括面对公开演讲的怯场。对于有这种状态的人来说，站在人前也会使他们害怕到昏过去！然而，这并不是一种随意反应，而是环境中的某些事物刺激了他们的神经系统，调动了无髓鞘迷走神经回路。

神经觉：没有觉知的侦测

布：那么，我们的神经回路是如何判定环境是否安全的呢？

波：虽然这一过程一定有对边缘防御系统进行抑制的高级脑部结构参与，但我们还不清楚具体是哪些神经通路在起作用，只知道这一过程可能涉及皮质区域，包括评估"生物性"运动意向的颞叶皮质区域。生物性运动包括面部表情、发声的语调起伏（韵律），以及包括手部和头部动作在内的身体运动。举个例子，我们都知道母亲抑扬顿挫的发声对安抚婴儿有多重要，但我们对侦测安全信号神经回路的了解却远没有对侦测危险信号神经回路的认识多。

随着更多研究的进行，我们能了解到早期经历在改变这些明显的适应不良反应的表现阈限和脆弱性方面所起的重要作用。有新的迷走神经回路的保护，我们可以安然无恙；如果失去了它对生理状态的调节能力，我们会变成只能以战斗或逃跑行为进行防御的机器。变成这种防御机器时，人类等哺乳动物需要运动。如果我们受到限制，比如被隔离或拘禁，我们的神经系统会读取信号并在功能上倾向于非动员化。我能给你举两个这两种防御系统被激活的有趣例子，一个是我在美国有线电视新闻网（Cable News Network，CNN）上看到的新闻片段，一个是我自己的经历。

几年前我参加了一场会议。在会议上发表演说之前，我观看了一段 CNN 的新闻节目。新闻播放了一个视频片段：一架飞机在开始降落时遇到了困难，机身带着机翼一起被风卷得上下翻飞，看上去很不稳定，但好在飞机最后安全降落了。乘客们下飞机时，一位记者上前采访了几位乘客。记者认为这些乘客会说些"我好害怕""我在尖叫""我吓得心都要跳出来了"之类的话，他走向其中一位乘客并询问她在这次不稳定着陆过程中的感受，但她的回答让记者无言以对。她说："感受？我昏过去了。"

对这位女乘客来说，生命威胁激活了古老的迷走神经回路。我们并不能真正控制这一回路，但失去意识有一定的好处，这样能改变我们对创伤性事件的体验，包括提高疼痛阈限。

心理治疗师们都已经认识到，许多报告受虐待，特别是受过性虐待和包括监禁在内的身体虐待的人，经常会描述一种自己不存于此的心理体验。他们的身体可能感到麻木，可能解离或昏厥。对这些人来说，虐待事件确实触发了一种适应性反应，让他们能够缓冲创伤性事件带来的感官和心理影响。当然，问题是，一旦人们解离并适应性地失去了对自己身体的觉察，你要怎么让他们"回到身体里"？

另一个例子是我自己的。我在做磁共振成像（magnetic resonance imaging, MRI）扫描时体验过了一次生理状态的意外的转变。我对这一过程相当感兴趣，因为我的几位同事用 MRI 扫描做过研究，我一直都很好奇并期待着这次体验。要进行 MRI 脑部扫描，你必须躺在一个平台上，然后平台移动到磁心的位置。我兴奋地躺了上去，准备迎接这次新体验。起初我感觉很舒服，并且一点儿也不紧张。慢慢地，平台移动到了 MRI 磁体的一个非常小的入口。当我的头顶即将进入磁心时，我说："抱歉，能稍等一下吗？我能喝杯水吗？"他们把我拉了出来，我喝了一杯水后又躺了回去。这次平台慢慢移动，我的鼻子到达了磁心，然后我说："我不行了！放我出去！"我实在无法面对密闭的空间，它导致我惊恐发作。

我举这个例子是想说，我的知觉和我的认知同我的身体反应是不一致的。我想做 MRI，我一点儿都不害怕，这没什么危险的，但在我进入 MRI 机器时，我的身体里发生了一些变化。我的神经系统侦测到了一些确切的信号，而这些信号触发了防御反应——它希望我采取动员化反应，离开那里。

要解释这些环境事件引发生理状态转变的体验，我们需要一个新概念，用来描述评估环境中风险信号和激活神经回路改变自主神经状态的过程，即我所定义的"神经觉"这样一个过程。我对这一术语的定义很谨慎，因为我想定义一个与"知觉"（perception）不同的过程，知觉需要意识觉知的参与，而神经觉是在不需要觉知时反射性地发生的。

布： 那么我们来下一个定义，神经觉指的就是对所发生事件在神经上的知觉吗？

波： 在这里，我们得非常仔细地把"神经觉"和"知觉"区分开来。神经觉是在没有觉知的情况下评估环境风险，知觉则意味着意识和觉知侦测。神经觉不是一种认知过程，而是一种不依赖于觉知的神经过程。神经觉依靠的是神经回路，这种神经回路从各种信号中评估环境中的风险信号，并引发自主神经状态改变以适应性地应对这些信号。多层迷走神经理论假定神经觉是这样一种机制：将自主神经系统转变成理论中所定义的安全、危险、危及生命这三种广义状态，同时强调了哺乳动物包括面部、心脏和有髓鞘迷走神经在内的社会参与系统在抑制"战斗或逃跑"和"关闭"这两种防御系统上的强力作用。

社会参与系统工作时会抑制防御系统，所以我们感觉平静，可以去拥抱他人，可以看着他们并感觉良好；但是如果风险增加，两种防御系统就会获得优先权。为了对危险做出回应，我们的交感神经系统会控制并增加代谢资源，支持战斗或逃跑行为的运动活动。如果这样还不能使我们重获安全，我们就会调动古老的无髓鞘迷走神经回路并进入"关闭"状态。

在临床意义上，这一理论模型为研发防御抑制方案的治疗手段提供了独到见解。我们都知道激活社会参与系统的神经觉特征，这种哺乳动物独有的自主神经系统神经调节的新方法，使得社交互动活动能够镇定生理状态，为健康、成长和恢复功能提供支持。

布：你在 MRI 机器中的体验是因为神经觉，所以你的反应超出了控制吗？

波：对！就跟那个在飞机上昏过去的女乘客一样，我什么都做不了。

布：你也想不出办法来摆脱它。

波：丝毫没办法！我甚至不能闭上眼睛想象自己不在里面，我必须得离开那里！现在我如果要做 MRI，都会先吃药，我很高兴药物确实可以帮我在 MRI 机器中不那么反应过激。这不是说我喜欢吃药，但在特定场合中，它们是挺有用的。

我想强调的是，对于在飞机上的女乘客和 MRI 机器中的我这两种情境，我们的反应都是不随意的。不稳定的飞机触发了乘客的"关闭"反应；而在我的经历中，MRI 机器的特性触发了动员化反应。如果你去采访那架飞机上的其他乘客，可能有些人是尖叫、大喊、想采取动员化反应逃离飞机，也有些人只是紧紧握住邻座的手，平静地度过这次危机。

在这里，我想向大家强调的关键是，同样的事件在不同的人身上可能触发不同的神经觉反应，从而引发不同的生理状态。

布： 如果你当时在 MRI 机器里喊着"放我出去"却没人回应，你会不会接着进入更原始的状态？

波： 有可能。我被困在这个密闭的空间里出不去，也不知道自己怎么了，这种体验跟被监禁和受到身体虐待差不多。我们经常忘记医疗手段也可能向我们的身体传达与身体虐待相似的信号。我们得在患者的治疗上非常小心，即使抱着积极意图进行的干预手段也可能因为束缚而引发创伤反应，甚至是 PTSD。

PTSD 的触发

布： 跟我们讲讲你认为可能引发 PTSD 症状的医疗操作吧。

波：我觉得这包括强迫性的身体束缚，甚至按住一个人进行麻醉都算在内。回顾医学史，特别是精神疾病治疗的部分，我们能发现约束手段被频繁地使用。这样做的本意是保护患者，但患者的反应更像是遇到了危险、受到了伤害或威胁。为了防止精神病患者伤害他人或自己，医生会将其束缚起来；如果手术中不能用麻醉或麻醉不管用，医生也会将患者束缚起来。

　　但是要记住，医疗环境中的某些特征会触发脆弱感和神经觉的防御反应。举例来说，医疗环境经常会让我们无法获得日常生活中调节性的社会支持，我们身上的衣物被拿走，我们被放置在公众场合，发生的一切都不可预测。我们神经系统中许多自我调节（self-regulation）和"感觉安全"的功能都失效了。

布：他们让你不要戴隐形眼镜，还会让你摘掉眼镜，所以你也看不太清楚。

波：是的，视觉和听觉信号在判定神经觉如何影响我们的生理状态方面起着重要作用。神经觉，或者至少是安全相关的神经觉，其最强有力的触发因素之一就是声音刺激。

　　回想下情歌、传统的民俗音乐、母亲唱给孩子的摇篮曲，你就能发现这些不同类型的声乐在声学特征上的相似之处。这些音乐都没有使用低频音，你听到的高频音又被特意调整，它们都接近女声。如果用男声的低频音，特别是男低音来唱摇篮曲，对婴儿的安抚效果就不会那么好。我们的神经系统对频段和频段内声波频率的调整都有反应。

在我的演讲中，我用《彼得与狼》(*Peter and the Wolf*) 作为例子，来说明频段和频段内频率调整如何触发神经觉。在《彼得与狼》中，小提琴、单簧管、长笛和双簧管音乐的演奏代表了友善角色，低频音则代表了捕食者的出场。普罗科菲耶夫（Prokofiev）[1]对声音刺激在神经觉过程中的有效性有着敏锐的理解，并将它用到了叙事的构建之中。

那么，MRI 机器有什么声学特征？它会产生大量的低频音。一般来说，医院里的声音也以低频噪声为主，特别是通风系统和机械设备产生的声音。我们的神经系统在没有觉知的情况下对这些声音产生反应，并将之解释为捕食者的信号，从而将我们的生理状态转变为促进"战斗或逃跑"行为或"关闭"的状态。

---

① 普罗科菲耶夫（1891—1953），苏联作曲家、钢琴家。——译者注

社会参与和依恋的作用

布： 我们来谈谈依恋吧。早期依恋是怎样影响这一切的？

波： 在查阅关于依恋的文献时，我注意到其中缺失了很重要的一点，我管遗漏这一点叫作依恋的"序章"。多层迷走神经理论将这一点描述为社会参与。在概念化过程中，我开始将良好社会连接建立的过程分成两个连续的部分：社会参与以及社会连接的建立。

我们先从社会参与开始吧。在这个过程中，我们发声，聆听语调，做出面部表情和姿势，以及诸如给婴儿喂奶这样的摄食行为。成为成年人的我们会在不同的场合用这些系统：外出就餐或饮食成为一种社交方式，摄食行为与社交行为使用的是相同的神经机制。从某种意义上说，我们用摄食行为来让他人平静并进行社交活动。社会参与有效时，人与人之间的心理距离会降到最低，物理距离也能因此减少。

在对发育情况的观察中，我们注意到在生命早期的婴儿对他们社交互动对象的辨别力比较低，婴儿被不同的人怀抱时的反应具有极大的可塑性，但是随着婴儿年龄的增长，侦测安全信号的神经觉过程在婴儿被抱起来前识别熟悉程度和判定安全方面变得越来越有选择性。

　　我曾经对自闭症儿童做过研究，家长们报告的共同点之一是孩子害怕他们的父亲。他们这是在表达什么？他们表达的其实是孩子害怕父亲的声音。为什么？因为这种声音具有低频音的特征。在演化过程中，这种声音是与适应性侦测捕食者的神经回路关联在一起的。因此我们了解到，在临床疾病中观察到的许多行为其实是由误解了信号性质的神经觉所引发的适应性行为。

　　让我们回到你提的关于依恋的问题。我认为安全能够调节建立安全型依恋的能力。人在早期的发育中，能否从父母、照顾者、家庭成员等人身上感受到安全，也许是应对创伤脆弱性的个体差异的成因。

自闭症和创伤有什么共同点

布：你刚才提到了自闭症和创伤的问题。我在准备这场访谈时就在想，自闭症和创伤在听觉问题上有很多相似之处。

波：是的，我认为有几种精神诊断类别存在一个共同的核心特征，不是相同的成因，更像是一种相同的效果。然而，科学和临床实践对疾病和健康的看法往往不同，科学对过程感兴趣，而临床实践通常对疾病实体或诊断的特殊性感兴趣。我们长期以来都有一种假设，即只要能给一种疾病命名，我们就能找到更好的治疗方法，也会对疾病有更好的理解，但是，比起理解疾病的基本机制以改进治疗方案，诊断似乎能给医生带来更大的经济效益，特别是心理健康领域的诊断。一般来说，诊断标签为医生提供了使用保险所需的某种收费标准，虽然给患者贴上精神疾病标签对理解疾病潜在的神经生理机制并没有什么作用。

比起临床诊断的归类，科学家们对几种临床疾病共有的几种潜在发展过程更感兴趣，这些共有特征往往不是联邦资助机构和特定疾病基金会的兴趣所在。侧重于此的研究并不多，且大部分都得不到资金支持，因为资金一般会流向以识别特定临床诊断相关的"生物标志物"为目标的研究。遗憾的是，虽然几乎每一种心理健康障碍都被假定为生物学问题，并且通常被认为与基因或脑部结构有关，几十年来寻找那难以捉摸的"生物标志物"或生物特征的研究却都没有获得令人印象深刻的成果。

在一些心理健康诊断中观察到的一个常见现象是听觉过敏（auditory hypersensitivity），但由于听觉过敏不是任何临床疾病特有的症状，也不是促成诊断的特定标准，它在心理健康研究领域并没有引起太多注意。然而，通过理解这些造成听觉过敏的潜在机制，我们发现了一个神经回路的存在，这个回路将听觉过敏与面部表情贫乏、发声缺乏韵律以及迷走神经对心脏控制的受抑制联系了起来。

在对有创伤史的人进行谨慎观察和采访时，我们立刻了解到他们不喜欢待在公共场合中，因为噪声对他们造成了干扰，让他们很难从背景活动音中分辨出人声。很多自闭症患者也表示有同样的问题，他们经常受到一种聆听/听觉悖论的困扰：他们对声音过分敏感，却难以分辨和理解人声。

我们能在其他精神障碍患者，比如抑郁症和精神分裂患者身上观察到相似的特征。这些患者不仅听觉过敏，而且行为状态调节困难、面部表情贫乏、发声缺乏韵律，还伴有以高心率和较少的心脏迷走神经调节为特征的、会引发防御行为的自主神经状态。这些与情绪表达、侦测相关的核心过程被整合进了"社会参与系统"之中，这一系统在哺乳动物新迷走神经系统的脑干部分中接受调节。

　　一个能做到面部表情丰富、说话抑扬顿挫有韵律的人也能收缩中耳肌（middle ear muscle），从而有助于他在背景声中分辨人声。当人们微笑着注视说话者时，他们的中耳肌会收缩，在这种状态下，他们能更好地从背景声音中提取出人声，但这样做是有代价的。

　　作为人类，我们为社交行为付出的"适应性"代价是解释多层迷走神经理论如何影响我们理解精神疾病的关键点。我们付出的代价就是抑制了自己听到低频音的能力，而在我们的系统发育史中，低频音是与捕食者关联着的。对自闭症、PTSD 等临床疾病患者而言，社会参与系统和抑制防御系统的能力是受损的。然而，受损的社会参与系统却在功能上为侦测捕食者提供了优势。受抑制的社会参与系统使人能够知道是否有人走在他们身后。在这样的生物行为状态下，他们能听到低频背景音，却难以从人声这样的高频音中辨别含义。

布：这是因为他们的中耳结构不一样吗？

波：嗯，在某种程度上是这样，但我们认为这种差异不是永久性的。举个例子吧，你住在什么地方？

布：康涅狄格州斯托斯市。

波：好，假设你在一个不怎么安全的时间走在纽黑文的街道上，你和另一个人一起走，他在跟你说话，你能听清他在说什么吗，还是会留意身后的脚步声？

布： 我应该会处在一种谨慎的状态。

波： 谨慎状态就是指你并不能真的听见对方在说什么，但可以听清身后的脚步声。当我们进入一个可能有危险的新环境时，我们会从安全的社会参与系统转向监视警戒系统。从认知角度来看，我们用"注意力分配"这类术语来描述这样的过程；但从神经生理学理论来看，这并不是简单的注意力分配，生理状态也已经发生了转变。我们减小了中耳结构的神经张力以便更好地听到低频的捕食者声音，但这么做是有代价的：我们聆听和理解人声会出现困难。

布： 所以我是不由自主地做出这种转换吗？

波： 对！幸亏如此！因为如果你集中注意在人声上，你可能会错过真正威胁你生命的事物。

布： 假设人们在应该发现危险时没能发现，这时在结构上和生理上发生了什么？

波： 如果他们没有发现危险并仍然在关注人声，那么他们的神经系统优先处理的是发声的社会信号，而不是潜在捕食者的危险信号。

　　你可以看到神经系统对安全和风险因素处理优先级上的个人差异。如果你混在一群人中进入一个新环境，你能发现有些人会条件反射性地变得高度警觉，并且不再参与群体交谈，而另外一些人则继续与彼此社交聊天，直到有人出现在他们身后并带来某些危险。

　　如果从一个强调中耳结构神经调节适应性的角度着手，我们就可以探索中耳肌神经调节在各组受试者出现的语言发育迟缓上发挥了什么作用。如果一个孩子来自一个满是危险的社区或一个无法让人"感觉安全"的家庭，这个孩子会出现语言发育迟缓吗？生活在这些环境中的孩子通常都被培养得更能发现捕食者，他们的神经系统中侦测捕食者的能力也不会轻易消退。那么他们的语言迟缓是因为他们无法听清人声吗？当中耳肌没有受到适当调节以辨别人声时，人们就会无法正确提取语言的含义；而当中耳肌张力不足，辅音相关的高频谐波会被掩盖住，人们也许能知道某人正在说话，但无法理解这声音的意义。

布：所谓的闻其声不解其意？

波：是的。因为人声中传达意义的特性依赖于词尾的辅音，而辅音具有频率高于元音的特点。我再举个例子，衰老的一个自然结果是失去准确聆听高频音的能力，而这也就降低了我们理解他人说话的能力，特别是在有背景噪声的情况下。

布： 的确有一些人是这样！

波： 只是一些人，不是全部。设想一下，我们作为健壮的成年人，在走进一家酒吧或吵闹的餐厅时，有人对我们说话，我们能听到词尾吗？我们知道他们在说话，也能听到声音，但我们能听懂他们在说什么吗？但是，回想一下青少年时期或上大学期间，我们都去听过演唱会或去过酒吧吧，我们现在一定觉得环境嘈杂，但当时却能在其中结交新朋友，自在地聆听和交谈。

年轻的我们从不会漏下字词，一切都逃不过我们的耳朵。我们能够理解人们在说什么，是因为我们有一个能有效调节中耳结构的神经系统，而它随着我们年龄的增长慢慢弱化了。试想一下，如果一开始就只有被弱化的能力，我们的语言和社会技能会变成什么样？如果我们的中耳神经调节能力像老人一样受损，我们又必须像小婴儿一样学习语言，那可是相当大的麻烦，我们将很难从背景噪声中辨认词语。我想这就是许多自闭症儿童感受到的世界。

自闭症的治疗

布：我想转移一下话题，来谈谈这些发现对治疗的意义。我们刚好在聊自闭症儿童，那就先从这里开始，然后再回头来讨论 PTSD 患者的治疗。

波：我们可以将 PTSD 和自闭症放在一起讨论，因为从多层迷走神经理论的角度来看，关键点是我们能否帮助他人感觉安全。安全是一种强有力的结构，涉及好几种过程和领域的特性，包括环境、行为、心理过程，以及生理状态。如果感觉安全，我们就能调用面肌的神经调节和有髓鞘的迷走神经回路，这个回路能抑制通常出现的"战斗或逃跑"和应激反应，而当防御系统得到抑制时，我们才有机会放宽心玩耍、享受社交互动。

　　我想在本次讨论中引入"玩耍"的概念。没有玩耍的能力是很多精神疾病患者的一个特点，但是"不能与他人玩耍"或"不能自发地在表达情绪时彼此互惠"很少出现在我们的诊断标准中。

　　我认为像独自玩电子游戏、玩电脑游戏或玩玩具一类的活动不能算"玩耍"，相反，我认为玩耍需要社交互动。玩耍要调用交感神经系统的动员化能力，也需要用面对面的社交互动和社会参与系统来抑制交感神经的兴奋。在这一理论模型中，玩耍是一种很有效的神经练习，它用社交互动来"共同调节"生理和行为状态。与之相反，独自与电脑和电子游戏一类的物品互动只能做到自我调节。

布：请再说一遍吧，我想确保每个人都能理解。玩耍要求的是什么？

波：那就拿我家狗狗们的玩耍做例子好了。我养了两条小的日本狆（Japanese Chin），每只大概 7 斤重，它们经常在房子里跑来跑去互相追逐嬉戏。在这种追逐玩耍中，一条小狗总会试图去咬另一条小狗的后腿来抓住它，而这种情况发生时，被咬的那条小狗会转过身看着对方。这种面对面的互动对区分玩耍和攻击行为至关重要，它传达出这样一种信号，使被咬的狗确信这种咬噬行为只是玩耍而不带有攻击性。在这种情况下，社会参与系统通过面对面的互动在功能上遏制并抑止了动员化行为，以确保它不会被放大或转变为攻击性"战斗或逃跑"行为。

在我的演说中，我会播放关于著名退役篮球运动员"J博士"朱利叶斯·欧文（Julius Erving）和拉里·伯德（Larry Bird）的视频片段。在第一个片段中，他们看起来是好朋友，正在为一个篮球鞋品牌拍摄广告。在第二个篮球比赛的片段中他们发生了大量身体接触、互相碰撞。在一次动作幅度大的身体接触中，J博士似乎不小心打了拉里的脸，拉里摔倒在地，而J博士看都没看拉里就走开了。"走开"这一行为使J博士没能向拉里传达必要的信号，以将这一动员化行为归类是玩耍而不是"战斗或逃跑"行为。拉里的身体做出了防御反应，他追上J博士并推了他一把，然后他俩就开始挥拳相向。

　　这些例子展示了人类等哺乳动物是怎样用面对面交流熄灭暴力冲突的火花的。玩耍时，生理状态转变为支持"战斗或逃跑"行为，我们会受此影响而动员化，然后我们看向彼此以压抑防御反应。如果我们不小心打到了对方，我们会道歉说"对不起"，用声音和面部表情来降低我们的行为被神经系统解释为攻击的可能性。

　　玩耍经常需要动员化，但是，为了保证动员化不转变成攻击性，玩耍也要求面对面的互动。我们能在玩耍中观察到一种行为上的互惠性，包括在与战斗或逃跑行为相似的动作之后进行的面对面的互动。这样的行为几乎能在所有哺乳动物的玩耍中观察到。

　　我们可以说，在成年人玩耍的其他表达方式，比如跳舞中，动作具有相似的互惠特性和通过面对面的互动实现运动和运动抑制的特性。大部分形式的团队运动中都能看到面对面的互动，包括用眼神接触交流。当无法面对面交流时，人们就会用声音交流。

在跑步机上运动不属于玩耍的范畴。从多层迷走神经理论的角度来说，玩耍不是独自进行的，而是互动性的，要求面对面的互动等社会参与系统部分（包括有韵律的发声）的运用。

在这一视角中，玩耍并不是攻击性的；相反，它在功能上算是一种运用社会参与系统这一哺乳动物独有的系统，来抑制我们的战斗或逃跑行为，并遏制这一防御系统以便进行"社会化"的神经练习。通过玩耍这一神经练习，我们用拥有有髓鞘迷走神经通路的社会参与系统这个新系统来调节系统发育上较古老的基于交感神经兴奋的动员化系统。但是，在这里要注意一个重点：有几种临床病症的人经常在玩耍上存在困难。

布：我们结合治疗来谈谈吧。

波：治疗的关键在于，"感觉安全"是促使治疗成功的功能性前提条件，许多成功的治疗手段都可以算是一种神经练习，调动这种安全状态为来访者赋能来抑制防御策略，从而通过社会参与系统促进状态调节。面对面的互动对社会参与系统的调动是一种神经练习，它通过调动有髓鞘迷走神经通路来抑制交感神经的活动。玩耍实际上成了一种功能性治疗模型，它通过互惠性社交互动来锻炼自主神经状态的神经调节。传统的谈话疗法甚至也可以被概念化为神经练习。

增强来访者的安全感有一种相对有效的方法，就是改变临床环境的物理特性。治疗师可以移除环境中会被人的神经觉反射性地触发防御状态的声音，换成使人平静和发出安全信号的声音。移除被我们神经系统判定为捕食者信号的低频音是很有帮助的，轻柔的声乐或有韵律的话语也可以让来访者平静下来。治疗师需要用抑扬顿挫有韵律的声音与来访者交谈，用语调变化而非音量变化来安抚他们，使他们进入安全状态。如果治疗师用音量来调节，来访者的神经系统可能会感觉受到了攻击并会反射性地转变为支持防御的生理状态，因为生理状态会影响来访者的感受和反应，治疗师需要重视神经觉的强大作用，并尽量理解临床环境中的信号，让来访者进入一种更平静、更能给予信任的状态。当对来访者进入防御模式的神经觉敏感度有所了解时，心理治疗师也就能深入了解如何治疗来访者，以及如何通过涉及社会参与系统的神经练习建立心理韧性。在这些神经练习中，心理治疗师和来访者都能更好地了解防御的"反射性"触发因素。这一过程可以让来访者理解生理状态在亲社会行为和对创伤的反应中的重要作用。这种理解可以减少因疾病与随意决策有关这种假设而产生的病耻感，这是来访者经常遭受的一种污名。

我不是在说治疗，这只是为了减少一些症状，让来访者生活得更好。如果认识到生理状态是不同种类行为的功能基础，我们就能意识到，当来访者处在一种支持战斗或逃跑行为的生理状态时，他们是无法进行社交行为的。当处在一种"关闭"的生理状态时，他们在功能上也无法接受和进行社交互动。治疗的一个重要目的就是让来访者能够进入使他们能进行社会参与的生理状态。在发展这种能力的过程中，来访者会了解到，由于神经觉过程的存在，我们只有在安全环境中才能进入这种生理状态。有了这些知识，我们就需要构建适当的环境，以消除触发危险和生命威胁的神经觉的感官信号。移除低频音会是一个好的开始。

布： 医院需要进行隔音处理吗？

波：需要。他们需要创造"安全区"，通过神经觉触发一种安全的生理状态，医院需要的是这些安全区而不是使人感觉脆弱的地带。如果你作为一名患者在医院住院，却找不到几个地方能让你感觉到"安全"，你的个人空间会受到侵犯。我们很多人都有这样的体验。

布：对，但这意味着什么呢？

波：意味着你在医院里并不安全。你的身体处在一种支持防御而非健康和恢复的状态。处在防御状态会干扰恢复进程。在心理上，你会用高度的警觉代替信任，这意味着你的社会参与系统会关闭，因为在一个人们对你指指点点的环境下，社会参与系统是无法被调动的。

布：是的，他们可能会给你一份日程表，让你多少能有一些可预测感。

波：我们的神经系统喜欢可预测感。

布：那么受到创伤的 PTSD 患者的情况呢？

波：在我的演说里，开始时我会跟听众们说："让来访者尝试不同的东西，告诉你的受到创伤的来访者重视自己的身体反应。就算他们的严重生理和行为状态目前限制了他们正常融入社交世界的能力，他们也应该庆幸自己的身体做出的反应，因为正是这些反应让他们活了下来，救了他们的命，减少了一些伤害。如果他们在强暴等侵略性暴力创伤性事件中反抗，他们可能早就被杀了。告诉他们要赞美自己身体的反应，而不是为身体在我们想社交时不听使唤而感到内疚，然后让我们看看会发生什么。"

治疗师将这个简单的信息告诉他们的来访者之后，我就开始收到关于这些来访者如何自发改善的邮件。我想这是因为来访者开始认识到他们其实并没有做不好的事。

这与我经常提出的另一个观点"并不存在所谓的不良反应，只有适应性反应"是一致的。基本的一点是，我们的神经系统总是试图做正确的事让我们存活下来，而我们需要尊重它的所作所为。只要正视身体反应，我们就能从这种评判性的状态中摆脱，变得更尊重自己，而这在功能上有助于疗愈的进行。

想一想，大多数治疗是怎么做的？治疗经常向来访者传达这样一种信息：他们的身体表现得不够好，需要做出改变。所以这些治疗本身对个体的评价就是很苛刻的。一旦被评价，我们基本上就会进入防御状态，而不再处于安全状态了。

布：教学也是一样的。

波：是的。我曾经做过几个关于正念的讲座，在这些讲座中我提到，正念的进行需要安全感，因为如果感受不到安全，我们就会对所处环境进行神经生理学上的评估，这会阻碍人们感觉安全。在这样的防御状态下，我们无法与他人建立联结，也无法调动那让我们能表达为人之自由、创造力和亲切友善的奇妙的神经回路。如果能创造安全的环境，我们就能调动该神经回路，使我们能够社交、学习、感受美好。

听力项目治疗方案的理论与应用

布：听说你在进行一个干预项目，我想大家应该都很想了解一下。

波：是的。我从 20 世纪 90 年代末以来一直在进行关于这种干预项目的研究，那时我尝试用一种技术来突出多层迷走神经理论的特点。该理论，特别是强调社会参与系统的那部分理论中有这样一个假设：如果我们用有韵律的发声来调动中耳肌来帮我们从背景音中提取人声，通过神经反馈，这种形式的主动聆听会改变我们的生理状态，并让人能更自发地进行社交。这个系统是在观察母亲极力调节发声来安抚婴儿的时候发现的，在我们听到非常抑扬顿挫有韵律的声音时就会被激活。这是一个很精简的理论模型，它专注于向神经系统提供声音信号以触发对安全的神经觉。我们在自闭症儿童身上测试了这种干预，很快就得到了惊人的效果（Porges et al., 2013; Porges et. al. 2014）。

在过去的十几年中，有超过 200 名儿童和一些成年人参加了我们应用听力干预的研究。我们观察到了听觉过敏的减少、听觉处理的改善、自发社交行为的增加，以及迷走神经对心脏调节的增加（即呼吸性窦性心律不齐）。

布：那 200 人都是自闭症患者吗？

波：是的，大部分人都被完全诊断为自闭症，但你的问题让我想起了关于自闭症患者研究的另一个问题。在开始研究自闭症儿童之后，我意识到自闭症的诊断范畴没法做到很精确，它的症状和功能表现是存在差异的。我确定了一点，如果我专注于研究听觉过敏，我就能转入一个会有助益，又不会引起诸如试图治愈自闭症的争议的领域，特别是在自闭症的决定性诊断特征并不明确、任何常见神经生理学基础理论也不适用的情况下。

自闭症是一种非常复杂的疾病，不仅牵扯到患者个人，还影响着他们的家庭。每次有人提起自闭症的治疗，都会引发研究界的争议，因为自闭症的诊断是假定其为一种基于未知的遗传因素和未知的大脑／神经系统功能表现的终身疾病。精神病学界将症状的减退解释为错误的诊断而非真正的恢复。为了不引发争议，我将我的干预研究方向圈定在了听觉过敏上。

为了客观评价干预措施的作用机制，我的研究小组需要研发一种中耳结构功能的客观测量方法。在过去的十年里，我和我的研究生格雷格·刘易斯一起开发了一种设备来测量中耳传输功能（middle ear transfer function），并确定哪些声音在传至大脑的过程中真正通过了中耳。我们管这种设备叫"中耳吸声系统"（middle ear sound absorption system, MESAS）（Porges & Lewis, 2011）。有了MESAS，我们就能测量听力项目治疗方案（Listening Project Protocol, LPP）是否改变了实际进入大脑或从鼓膜上反射的声音的声学特征。我们已经对MESAS做了试点，现在正将其用于评估LPP的三个临床试验。中耳肌紧张时，人声的高频音通过中耳结构，经由听觉神经传入大脑，而低频音的大部分声学能量会从鼓膜上反弹回来。鼓膜就像一个小鼓，如果中耳肌让鼓膜变得紧绷，轻柔的高音调声音就会穿过鼓膜前往大脑；如果中耳肌失去张力，鼓膜就会更柔韧，较大声的低音调声音会穿过鼓膜传至大脑，而高音调声音会被淹没在背景噪声之中。

听到低音调声音时，我们的神经系统会提高警惕，为侦测捕食者的行动做准备。这种对捕食者动静的听力优势却造成了聆听人声的困难。MESAS 让我们能够客观测量中耳肌对听觉处理的功能性影响。

MESAS 可以用于量化中耳传输功能的个体差异，并确定与在背景音中声音理解困难相关的弱点所在，即使测试的是正常人，我们也能看到效果。该设备现在还能客观测量治疗引起的反应功能的变化，这是一个很大的突破，因为在这个设备被研发出来之前，对听觉过敏的评估完全是主观的。当你研究有语言问题的孩子时，你得向家长询问关于孩子主观体验的信息，而父母对孩子的观察必须准确，才能提供有效信息。

在参与 LPP 之后，一位父亲讲了一个关于他自闭症儿子的很有趣的故事。在参与干预之前，每当觉得有声音打扰到了他，这个孩子就会用手指堵住耳朵。这一行为是自闭症儿童对噪声的常见反应。去年，这个孩子参加了特殊奥林匹克运动会（Special Olympics），他的父亲告诉我，发令枪响的时候，起跑线上的其他孩子都待在原地并用手指堵住耳朵，但这个孩子没有，他跑了出去并赢得了胜利。

　　重点是，现在很多孩子的听觉过敏都可以用我们研发的办法来治疗，而听觉过敏的缓解常常伴随着另一个非常重要的特性：听觉处理的改善。随着听觉过敏得到缓解，个体能更好地处理人声，语言发育也得到了改善。虽然我还没有试过将这个方法用在 PTSD 患者身上，但我们现在正在测试对有受虐待史儿童的干预，初步结果很不错。

布：我知道你有办法在孩子身上测试这一点，但是如果你感觉这种情况正在发生，你要怎么治疗这个孩子的呢？

波：我没有解释 LPP 的内容。谢谢你把我拉回正轨！ LPP 其实很简单，就是接受声音刺激。在 LPP 中，我们用声乐来突出人声的韵律特征。还记得我说过的韵律特征吧，如果我们听到一个语调被大幅调整过的声音，我们的神经系统就会开始触发与安全相关的状态。

　　了解到这一点后，我们通过特制的计算机算法来处理音乐，放大了声乐中的韵律特征。如果你听，有时这音乐好像要消失一样，非常微弱，然后被增强，接着再次变弱。声音渐渐消失的时候，你得更努力去听，进而主观上感受到一种失落感；音乐再次响起时，你又会欣喜不已。

通过调节频段，我们会产生在声学环境中被动进出的主观感受。干预的目的是激活参与安全神经觉的神经回路，这通常是由与母亲安抚婴儿相似的韵律声音所激活的。干预措施放大的是韵律而不是音量，这意味着它使得发声的声学特征更具有旋律性，语调有更多变化，另外也消除了经常触发防御模式的低频音。我们会在一个安静的房间里给予孩子这些调整后的声音刺激，这尊重了孩子可能难以处理其他形式的刺激的事实，包括与他人的互动。

干预措施的实行有两个要求：第一，要让孩子保持在平静的、支持安全感的生理状态；第二，让孩子接触调整过的声音刺激。只有在不需要高度警觉和防御的时候，神经系统才能调节中耳肌，来让孩子体验调制音的神经生理学益处。

在我看来，这种干预是一种需要被动聆听声音的神经练习，能触发神经系统对有韵律声音的需求，或者激发对这类声音的固有兴趣。通过观察参与干预的孩子们，我看到了调节整个社会参与系统的神经回路的运作。许多孩子的面肌都变得更活泼有生气，说话也更有韵律，因为他们都能更好地听到自己的声音了。这种干预在功能上也增强了迷走神经对心脏的调节，使得生理状态变得平静，发声也更抑扬顿挫有韵律。

音乐如何促进亲密关系：安全信号

波：你还记得歌手约翰尼·马西斯（Johnny Mathis）吗？

布：当然！

波：感觉你的语气是伤怀中又有一丝神往。请告诉我，说到马西斯的声音，你能记起些什么？

布：他的声音甜美又富有旋律。

波：好，那么从生理上讲，听到他的歌声时你感觉如何？

布：平静，并且想跟着一起唱。

波：在你的成长过程中，有特定的社交场合使用过他的歌吗？

布：好像有！

波：基本是用在年轻人想与他人更靠近一点儿的场合，对吧？

布： 没错！

波： 那时我们并不知道，马西斯声音的韵律特征激活了让我们
　　感觉安全的神经觉回路，而当我们感觉到安全时就会享
　　受身体接触。从某种意义上说，马西斯的歌声极大程度
　　上稀释了防御。如果想想听到他歌声时你的身体反应和
　　主观反应，你就能对听觉疗法（listening therapy）的作用
　　原理有一个直观的理解。对马西斯演唱音域频段的调节，
　　跟母亲给孩子唱摇篮曲一样，能激活使人感觉更安全的
　　神经回路。即使你只是想象或想到马西斯唱歌，你的声
　　音语调也会开始变化。

　　　LPP 并不是一项长期的密集干预，干预只进行五次，
　　每次一小时。如果顺利的话，我们通常可以在第三天过
　　后观察到成效，开头两天其实是为了让孩子适应干预
　　环境。

　　　我想强调的是，我们的神经系统一直在默默地等待
　　"马西斯的歌声"来关闭防御系统，我们在等待人声的语
　　调。只要侦测到有韵律的声音，神经就会做出反应并改
　　变我们的生理状态。

　　　与有韵律声音的吸引力相反，对大学教授的无聊讲
　　话这种情景的夸张描绘，包括用单音调说话，给了我

们另一个神经觉改变生理状态的例子。单调的声音会让人失去兴趣、昏昏欲睡。很多人应该都还记得本·斯坦（Ben Stein）经常扮演的带有讽刺意味的角色。一个人用平直的声线说话时，要理解他想表达的意思就会很难，因为这种声音不能吸引听众提取信息。在我们的认知世界，特别是在教育系统中，对声音如何吸引兴趣和注意力这一现象的理解并没有受到重视。我们的认知世界关注话语的内容，而不是语气传达出的意思。

　　心理治疗师需要认识到，治疗环境中的信号对治疗过程的成功极为关键，背景声能改变来访者的生理状态，限制他们对治疗的反应。另外，治疗过程中能触发来访者安全神经觉的不只是心理治疗师使用的语言，还有他们对语调的运用。洞察力对治疗的作用可能远远小于治疗环境的声学特征和心理治疗师的语调。

布：你对自闭症儿童进行的这种中耳肌训练，有没有在老年人群体中试过呢？看看能不能帮他们恢复一些分离背景音的能力，让他们能听得更清楚？

波：你的直觉很准，我的确想过这么做。衰老也会导致系统功能的退化。我决定亲自体验干预刺激的效果，并判断延长干预是否会产生影响，我想知道如果我过度接受干预会发生什么！最初我担心的是疲劳，因为干预的目标是刺激非常小的快缩型肌，它可能会迅速疲劳。

我一连几天，每天都接受6～8小时LPP的声学刺激。我对高频音变得非常敏感，以至于我都不能在电脑开着的时候坐在桌旁，因为电脑风扇实在太吵了。我能听到通常在短距离内传送的高频音，能听到我的孩子们在我们家另一头的房间里说话的声音。我对人声的频段非常敏感，已经到了根本无法忽视的程度。后来我花了两周才恢复到正常的听觉敏感度。现在我更加谨慎，也非常尊重个体的敏感性和脆弱性。

我在设定LPP的参数时知道了一些关于非常小的中耳肌的神经调节的知识，即它们会迅速疲劳；而肌肉疲劳时，身体就会感到疲惫。在LPP运行期间，一些参与者报告了疲惫感，即使他们每天只听了一小时。我们收到的报告称，参与者在接受干预过后经常睡得很好。我曾推测，疲惫感产生于这些小肌肉的疲劳，它们向神经系统发出疲劳反馈。这些小肌肉好像发出了很强的反馈信号，与奔跑几公里后大肌肉发出的疲劳反馈相当。

布：如果他们越来越多地使用这些肌肉，耐力会增强吗？

波：是的，许多拥有正常听力和社会参与行为的人会有更大的中耳肌张力。但对许多人来说，神经张力已经减退，以支持生理状态，为对捕食者声音的侦测设定较低阈限。这种减退可能是对疾病、发烧或创伤性事件（即暴露在危险和生命威胁信号之下的事件）的反应。一旦在合适的安全环境中激活神经回路，社交的积极属性就会给个体提供社会性奖励，这一系统也就会继续工作。在某种意义上，中耳肌的收缩在社交环境中会带来双向的回馈。当一个孩子对其父母说话，父母回头看孩子时，这个家庭单元就形成了一个互动的反馈循环，孩子也愿意多听多说。

然而，并非所有父母都会在孩子前来交流时做出互惠性的回应，经常有专业人士的孩子来我的实验室接受干预。在一次会议上我见到了一位曾参加过干预研究的孩子的父亲，我问他的儿子近况如何，在回答我的问题时，他移开了视线，转开了半个身子，然后说："他过得很好。"这位父亲的行为与我对社会参与系统的期望不一致。我对他说："如果你跟你儿子说话时像这样转过身去，他很快就又会出现问题，你不能转过身去不看你的儿子，即使你这样做是不由自主的，你也得自我监督。"如果这位父亲一直转开身的话，他儿子的社会参与系统就会关闭。

我们这个物种的适应能力很强。来自父母郁郁寡欢或乱成一团的家庭的孩子会通过不和大人交流来适应，而且肯定会抑制社会参与系统，但随之而来的就是其他临床疾病症状的出现。这并不意味着我们一辈子都会被这些疾病缠身，只是说社会参与系统被抑制了；如果有适当的刺激，社会参与系统就可能再次被调用。LPP 的作用就是唤醒休眠的社会参与系统以及优化该系统的功能，即使这一系统看上去似乎受到了损伤。

布：谢谢你的工作，斯蒂芬，我相信它会改变很多很多人的人生。这是一次传统思想的转变，我只想说，谢谢你，我对你做的一切致以崇高的敬意。

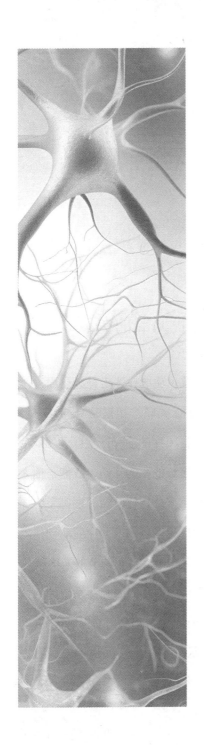

第三章

自我调节与社会参与

斯蒂芬·W.波格斯与露特·布琴斯基

心率变异性与自我调节的关联

布：我们听说过心率、呼吸等无意识功能在迷走神经层面与信任和亲密关系等社会关系存在关联，如果是真的，它们将对焦虑、抑郁、创伤甚至自闭症的治疗产生巨大影响。

    不只是神经系统影响我们与他人的互动，我们与他人的互动也会影响神经系统。斯蒂芬，你已经观察到了，那些心率平缓的人和更能进行自我调节的人，在应对创伤等经历方面，似乎与心率不稳定和不能自我调节的人不同。

波：对心率模式能力的观察确实是观察我们的神经系统如何调节身体的一条途径。心率模式显示出良好的周期性波动时，基本就是在告诉我们状态不错。它反映了内稳态系统调节良好。

当这个系统出现问题，由周围组织、内脏和心脏等向大脑发出的神经反馈就会改变，这一改变会反映在迷走神经对心脏的调节上，而迷走神经对心脏的调节又会动态地反映在心率变异性，即 RSA 的一种周期性振幅上。

与其讨论心理体验的生理关联，不如将生理反应更多地视作一种动态表现，用以反映神经系统应对各种挑战的调节能力和我们的身体对这些调节做出的反应。

多层迷走神经理论的组织原则

布：你的理论提供了观察背后的组织原则，我觉得你正在将科学和治疗这两个相当不同的领域关联在一起。你是怎么想的？

波：我们要想对生理与心理和行为状态的关联性有一个基本的理解，得花上一生的时间。这是一次绝妙的经历，因为我已经能运用我的研究和专业知识来探索我们的神经系统——实际上是我们个体——在复杂环境下的运作。

多层迷走神经理论所依据的概念是相对比较基础的，但一直难以捉摸，这种状态不说持续了几百年，至少也有几十年。它们的发现得益于理论方向的转变、从演化角度理解神经系统对问题的反应的尝试，以及将生理和行为转变视为生存所需的适应性策略。对哺乳动物来说，适应性策略在功能上是对我们系统发育史的一种再现，它是跟着自主神经系统的调节在脊椎动物演化中的转变而转变的，特别是在远古爬行动物演化成哺乳动物的过程中。

布： 这种演化不只是一种生理上的演化，也是一种基因上的演化。

波： 是的，系统发生了改变，让包括我们人类在内的哺乳动物拥有了各种适应性功能。所以，要理解多层迷走神经理论，真正的问题是意识到人类作为哺乳动物，需要与其他的哺乳动物、其他人类互动，以此存活下去。

重要的实际上就是互惠性互动的能力，互惠性地调节彼此的生理状态，并从根本上建立关系，以让个体能感觉安全。

如果我们把这一点看作一个贯穿个人发展甚至衰老过程所有方面的主题，那么像依恋这样的概念就开始有意义了，亲密关系、爱和友谊同理。但话又说回来，像欺凌、交际困难和配偶矛盾等概念也开始说得通了，课堂上的对抗性行为也变得可以理解了。基本上来说，我们的神经系统渴求互惠性互动的支持状态调节来感觉安全，而这种互惠性互动能力的损伤也就成了功能障碍发展的一大特征。

话虽如此，但人们往往认为这是行为层面而不是生理层面的。然而，多层迷走神经理论告诉我们这是生理性的，社会支持和社交行为与支持健康、成长和恢复功能的神经通路是共享的。心-身科学和脑-身科学不是相关概念，而是不同角度的同一概念。

布：我想请你重新说一下神经通路共享的这一点。

波：社会支持是由神经通路控制的。同样，在社会心理学和行为医学领域，人们热衷于探索友谊或与他人亲近如何促进健康，以及创伤、疾病等破坏性经历后的恢复。

人们一直认为这只是一个只要求我们给予他人社交支持的问题，但这并不是真正的关键。真正的关键是，适当的社交互动确实在使用与支持健康、成长和恢复功能相同的神经通路。如果你把一个生病的人搬进一个他无法感觉安全的环境，就是在帮倒忙。因此，根本上是理解一点，即跟其他哺乳类物种一样，人类的神经系统有着自己的追求，而这个追求就是安全，我们会利用他人来帮自己感觉安全。

如何利用他人来感觉安全

布：大概三四年前，有人以医生行医失败为主题做了一些研究，他们招募了一群病人并将他们随机分配。半数的人获得了温暖的回应，医生带着同理心聆听他们描述症状；另外半数的人只接受了冷冰冰的对症下药。他们发现收到温暖和善意的那些病人能更快从流感中恢复健康。

波：这在生理上是说得通的，但我们对医疗保健的理解中缺失了这一点。

布：为什么说在生理上说得通？

波：因为社交行为对生理状态，即自主神经系统的状态造成了影响。安全个体发出信号，使生病或受伤的人不至于处在防御状态。当我们处于防御状态，我们就会动用代谢资源进行防御，这不只是无法拥有创造力或爱的问题，处在恐惧中时我们也无法自愈。

疗愈的神经通路与社会参与的神经通路是重合的，具体来说就是从大脑向外部传递信息的迷走神经通路向你的身体发出安全信号，让你平静下来。

如果神经系统的高阶部分侦测到威胁或危险，迷走神经的平静反应就会中止，我们就会为战斗或逃跑行为做好准备。这是通过交感神经系统这一系统发育上较古老的回路发生的，使得我们能通过动员化反应进行防御。

多层迷走神经理论告诉我们，只有当身体侦测到安全信号时，系统发育出的最新近的迷走神经回路才可用。除了让我们的内脏状态平静下来，这一回路还能使面部发挥作用。我们的脸能做出表情，发声可以有韵律。当他人身上投射出这些特性的时候，我们的身体会平静下来，面部和声音会表示受到了积极的影响。

我们的颞叶皮质会从他人声音和脸上解读出这些信息，大脑的这部分会侦测生物的运动并反射性地解释其意图。如果你把手放在一条陌生小狗的后脑勺上会发生什么？狗可能会扑过来并试图咬你。而如果你把手放在狗的面前，那么它会闻闻你的手，把你的动作理解为一种中立的接触行为，也就不会产生防御性了。颞叶皮质可以分析面部表情、语调和姿势。对上述互动是否安全的判断发生在神经层面，而不是认知层面。

布：那么，那些没有这种解读能力的人呢？

波：多层迷走神经理论告诉我们，不能解读安全信号是我们进入某些生理状态的一个结果。从功能上讲，如果一个人进入动员化防御状态，他就会很难侦测到安全信号，而如果他进入"关闭"或解离状态，侦测安全信号就几乎不可能了。

我想拓展这个回答，来讨论一下多层迷走神经理论是如何逐步演变成现在这样的。科学家已经知道了"战斗或逃跑"系统和镇静系统的存在，镇静系统涉及高度演化的哺乳动物迷走神经，这些科学家不理解镇静系统与头肌和面肌的神经调节是有关联的。这是多层迷走神经理论的一个重要贡献。还有一层理解也很重要，即自主神经系统会依层级做出可预测的反应，而哺乳动物独有的迷走神经系统在这个层级中能够抑制交感神经系统。但文献中遗漏或忽视了一点，就是"关闭"反应——假死——这一古老的防御系统的反应，就像老鼠在猫爪下的反应一样。

我们的教育和文化告诉我们的一直都是，人类只有一个提高动员化并表现为战斗或逃跑行为的防御系统，甚至我们的词汇都限制了对防御能力的理解，让我们经常用"应激"一词来形容身体处于高度动员化的防御状态。

受过创伤的人怎样描述他们的反应呢？如果你很紧张，你的心脏会跳得很快，你会感觉神经紧绷。但经历过创伤和虐待的人并不经常描述这些状况，这些幸存者在采访中经常将创伤和虐待事件中自己的个人体验描述为"关闭"状态、失去肌张力、失去意识和解离。

这些来访者向医生描述症状的时候，医生往往认为他们是在应激状态下经历的创伤（这种状态的特点是交感神经系统的激活以及"战斗或逃跑"行为），而来访者的实际经历和心理治疗师的解读之间的不一致可能会扰乱治疗过程，让来访者感觉心理治疗师并没有聆听或理解他们的个人叙事。这就是为什么经历过严重虐待和创伤性事件的人经常难以说明他们的经历，因为不论医生、朋友还是家人，他们的头脑中通常都没有非动员式防御系统的概念。

当谈及心理生物治疗或压力和恐惧的基本理论模型时，人们总会问："你在研究恐惧吗？"我会反问："你指的是我们逃跑时的那种恐惧，还是昏厥时的那种恐惧？"

我们使用心理概念，这些心理概念却不能很好地勾勒出生理适应性反应的全貌。我现在和你讨论这些是因为创伤研究领域的人发现多层迷走神经理论解释了他们的来访者身上的一些重要现象。在该理论诞生之前，他们无法解释来访者报告的一些症状。

我的观点始于婴儿的心动过缓和呼吸暂停，却可以
化用来解释人类的虐待和创伤经历，这让我感到震惊。
我很高兴治疗师和来访者能使用多层迷走神经理论证实
自己的个人叙事——他们的身体曾英勇地对创伤做出了
反应。他们了解到，自己的身体做出了适应性的反应，
让他们得以存活下来。

影响我们回应世界的三个系统

在我看来，多层迷走神经理论的一大主要贡献就是
阐明了自主神经系统有三个组成部分，它们分层级运行，
对问题做出次序性的反应。

处在安全环境中的时候，我们能有效侦测信号，自
发地处理面部表情、姿势和声音韵律。我们必须强调安
全的环境对促进这些能力的重要性。现在我们俩都坐在
一个封闭的环境里——一个有四面墙和一扇门的房间，
我们谁都不担心身后会发生什么，也没有把目光从对方
身上移开来检查潜在的未知危险和未预料到的危险。如
果我们在一个公共场合进行这场会谈，我们的神经系统
就会不停地让我们想要往后看，以确定潜在的危险。

但是，我们的房间里并不存在危险。我们在社会中创建的环境可以被界定为"安全"，因为它们有一定的结构和可预测性，我们知道这是神经系统所需要的，也知道面对面交流可以化解很多误会。因此，面对面交流经常对缓和与化解矛盾有着奇效，尤其是在安全环境下进行交流的时候。

我们也知道交感神经系统的工作并不是什么坏事，它让我们能够运动、保持警觉、精力充沛，但如果交感神经系统被用作防御系统，我们就会对自己和他人构成威胁。当自主神经状态受交感神经系统完全掌控时，从某种意义上说，我们会变得畏首畏尾，接触他人时会带着攻击性，还会误解他人传达的信号。多层迷走神经理论告诉我们，在不受哺乳动物有髓鞘迷走神经回路限制时，交感神经系统就会成为防御系统，扰乱对外交流的意图。

然而，我们身上还存在着另一个防御系统，即"关闭"系统，它同样有着适应性功能。"关闭"系统会提高疼痛阈限，使人能够避免有意识地感知自身受到的虐待，进而存活下来。

然而，这种生存策略是有代价的。虽然哺乳动物演化出了在社会参与的安全状态与交感神经系统激活引起的动员化状态之间迅速转换的能力，但我们并没有演化出在"关闭"状态和动员化状态之间，以及在"关闭"状态和社会参与之间有效转换的能力。

如果你从那些被虐待的人的角度来思考，他们一有机会就调动的主动防御是攻击别人或逃离现场。从反应层级的方向思考这一现象很有用，在反应层级中，每一个神经回路都有一种适应性功能，都有一个实用的目的。

如果我们用非动员化神经回路来进行防御，会出问题，因为我们的神经系统没有用于摆脱这种状态的有效通路。很多人都因为他们无法摆脱非动员化回路而寻求治疗。

迷走神经悖论

迷走神经参与了"关闭"状态（如昏厥、心动过缓、呼吸暂停），同时也参与了社会参与和平静状态。确实，迷走神经的功能是自相矛盾的，而多层迷走神经理论正是尝试解答这一悖论的产物。

这两种过程是怎么通过同一种神经进行的呢？我们

是否可以推测这反映了一种"月盈而亏"的情况？我觉得这种推测并不合理，因为我在对婴儿的研究中观察到的现象并非如此：心动过缓只会在缺乏心率变异性的情况下发生。这很令人费解，因为我们一直认为心动过缓和心率变异性都是通过迷走神经通路介导的。

心动过缓会在缺少强力的心率变异性的情况下发生。这一观察结果让我的思考陷入了困境。在某种意义上，科学家这一职业的精妙之处不在于我们知晓了什么，而在于我们尚不知晓什么。科学是由问题推动的，而问题可以被组织为可测试的假设。

在这种情况下，迷走神经功能的矛盾性可以通过研究心脏的神经调节是如何演化的，或者更具体地说，迷走神经功能如何随着脊椎动物演化而变化来得到解释。这是个很有趣的故事，并且随着不同领域研究的继续，这个故事在不断发展。有人可能认为研究调节自主神经功能的神经系统如何演化无聊透顶，但事实上，在从现已灭绝的原始爬行动物到哺乳动物的系统发育过程中识别神经的变化是很振奋人心的。我们远古的共同祖先可能有与乌龟相似的自主神经系统。乌龟的主要防御系统是什么呢？进入"关闭"状态，甚至把头都缩进龟壳里！

　　哺乳动物继承了这一古老的神经"关闭"系统，它根植于我们的神经系统之中。我们并不经常使用它，而用的时候通常都是危在旦夕的场合。作为哺乳动物，我们需要大量的氧气，所以放慢心率和停止呼吸并不是什么好事。然而，如果动员化无法帮我们摆脱危险，神经系统就会自动切换为这个系统。

　　关键还是要理解一点：生理回路或我们体验到的生理状态并不是我们随意选择的，神经系统在无意识层面评估这一切。我用"神经觉"这一术语就是为了突出我们的神经系统在对环境风险因素的反射性评估中的作用。

　　如果我的发声有着积极的韵律特点，我的姿势有魅力，我没有朝你大吼大叫，没有用低沉的音调说话，没有训诫你或强迫你接受信息，你会感觉和我相处很舒服。如果我的表现遵循这个序列，你就会开始听得更用心，并且平静下来。如果我像大多数大学教授那样说话，你的眼神会开始游离，你会失去兴趣，并说我没有成为医生实在是利国利民！

　　我们都明白这一点：如果花太多时间在各种想法中和与物体的互动中而不是与人的互动上，我们与人建立关系和互动的能力就会发生改变。这一点我稍后细说。

但首先，我想强调的是，多层迷走神经理论是将演化作为组织原则，来辨识和解析调节生物行为状态的神经生理回路的。

系统发育较早的脊椎动物只有无髓鞘迷走神经，它对生理状态的调节效率比有髓鞘迷走神经要低一些。这种无髓鞘迷走神经回路让远古脊椎动物能够通过非动员化进行防御，即减少对代谢、氧气和食物的需求。

随着脊椎动物的演化，硬骨鱼类身上出现了脊柱交感神经系统。这一系统支持运动，包括鱼的成群游动等群体之间的协调运动。当这一系统高度兴奋时，动员化系统会成为防御系统，并抑制非动员化神经回路。

随着哺乳动物的演化，迷走神经也出现了变化。哺乳动物有着与它们的演化祖先不同的迷走神经通路。这一新迷走神经通路可以抑制交感神经系统。通过主动抑制交感神经系统，哺乳动物的迷走神经能有效下调战斗或逃跑防御反应，使社会参与行为能自发产生，同时优化代谢资源和内稳态过程。处在社会环境并参与其中时，我们的代谢需求下降，从而促进健康、成长和恢复功能的运作。

还有一个重要的问题。哺乳动物身上出现镇静迷走神经时，脑干中调节新的有髓鞘迷走神经的区域与控制头肌和面肌的区域是相联系的。这一脑干区域控制我们通过中耳肌聆听、通过咽喉肌发音，以及通过面部表达感情和意图的能力。

作为临床心理学家，当你看着来访者的脸、听着他们的发声时，你就在对他们的生理状态进行推测，因为脑干中控制脸和心脏的区域是连在一起的。同样，在临床环境，特别是在对有创伤的人的治疗中观察到的一个重要现象，就是缺乏情绪的上半部分脸与缺乏韵律的发声的共变。当出现这些特征时，来访者就可能难以理解背景音中的人声，同时对背景噪声高度敏感。

我们在听语调，即发声韵律特征的时候，就是在解读他人的生理状态。如果生理状态是平静的，它会反映为有旋律的嗓音，听到这样的发声也会让我们平静下来。思考发声与聆听关系的另一种方法是理解这一点：早在哺乳动物掌握语法或语言之前，它们就可以发声了，而且发声是社交互动的一个重要部分。它们通过发声向同物种个体——同一物种的成员——传递信息，告知对方自己是危险的还是安全可靠近的。

迷走神经：运动通路和感觉通路的承载管道

布：请问，迷走神经是一个神经类别还是起自脑干数个区域的神经通路呢？

波：我们可以从两个方面看待这一点。你可以这样问："迷走神经的起点在哪里？"或者问："迷走神经的终点在哪里？"

由大脑前往内脏器官的迷走神经运动纤维和通向脑干的迷走神经感觉纤维处于不同的区域，虽然它们都通过同一条具有管道功能的神经离开大脑。可以把迷走神经想象成一条管道，一条包含着许多纤维的电缆线。迷走神经不仅仅是一条由大脑通向内脏的运动神经，也是一条从内脏通向大脑的感觉神经。

现在你可以用这样的神经通路来解释许多身-心、心-身、脑-身或身-脑的关系了。迷走神经中80%的纤维是感觉纤维，其余20%是运动纤维。运动纤维中大约只有1/6是有髓鞘的，这少数的有髓鞘迷走神经运动纤维非常重要，能为膈上器官提供主要的迷走神经运动信息输入，大部分无髓鞘迷走神经通路调节的是膈肌下方的器官。

迷走神经通路有三种，由感觉纤维和两种类型的运动纤维组成。一种运动纤维通过无髓鞘迷走神经，即膈下迷走神经（subdiaphragmatic vagus），主要前往肠道一类的膈肌下方器官；一种运动纤维则通过有髓鞘迷走神经，即膈上迷走神经（supradiaphragmatic vagus），主要前往心脏一类的膈肌上方器官。在脑干中，感觉纤维到达被称为孤束核（nucleus of the solitary tract）的区域，有髓鞘迷走神经运动通路主要起自疑核（nucleus ambiguus），而无髓鞘迷走神经运动通路则主要起自迷走神经背核。

要想将这些神经通路与临床特征联系在一起，可以想想来访者的健康和行为问题。他们可能有肠胃上的毛病，而这可能是无髓鞘迷走神经作为非动员式防御系统被调动的结果。当个人长期使用动员化"战斗或逃跑"防御系统时，膈下器官也可能出现问题，发生这种情况时，被激活的交感神经系统会抑制无髓鞘迷走神经对消化之类的内稳态功能的支持能力。

布：多层迷走神经理论层级指出，创伤影响到了不同的唤醒区域，是这样吗？

波：我们的理论在功能上阐述了这一点：如果你遇到了挑战，

基于演化结果，你神经系统最新近的部分会试图通过表情和发声来寻求安全；如果这不管用，包括迷走神经对心脏进行抑制［即迷走神经刹车（vagal brake）］在内的社会参与系统会停止运作，加快心率以促进动员化，来为战斗或逃跑防御行为做好准备；如果这还是不管用，你就会通过使交感神经系统更兴奋来进行战斗或逃跑了。

你如果不能逃跑也不能战斗，那么可能会反射性地做出"关闭"反应。这是许多创伤经历的一个特征，这类现象在小孩子和块头远小于施暴者的人身上，或者是面对施暴者手持武器的幸存者身上尤其突出。

基本上，风险信号都会被不同的神经回路转化为不同的生理状态和行为，而这些对共同信号或事件反应的差别引发了创伤治疗中最困难的问题之一。创伤治疗和诊断以前都聚焦且偏向于创伤性事件本身，而没有认识到个人对事件的反应才是关键所在。

创伤与社会参与的联系

有一点很关键，人们在恐惧中进入非动员化状态时，他们用的是一种非常古老的神经回路。人类的神经系统通过演化得到了调整，这些调整似乎弱化了人们由带有恐惧的非动员化状态轻松回到能自发进行社会参与行为的安全状态的能力。

当被困在一种无法促进社交互动或强化安全感的状态时，个体会用复杂的叙事去解释自己为什么不想进行社交、为什么不信任他人。这些叙事表现了他们内脏的生理感受，说明他们的神经系统在不存在真正风险的情况下侦测到了风险。这些叙事解释了他们不去爱、不去信任和不主动参与社交的理由。

当这种情况发生时，你要怎么把一个人拉出这个防御和辩解的怪圈？你要怎么调动社会参与系统，同时抑制交感神经动员化的"战斗或逃跑"状态，也让人脱离危险的非动员化"关闭"状态？为了回答这个问题，就要将多层迷走神经理论的观点引入临床领域。

从多层迷走神经理论的角度来看，首先，来访者需要在各种环境中适应和操控局面，以体验安全的生理状态。这通常跟他们和心理治疗师的距离有关。在某种意义上，有创伤史的来访者可能会将心理治疗师视作危险源并产生反应，心理治疗师需要赋予来访者力量，让来访者相信自己在生理和心理层面都能适应和操控局面，直到他们感觉安全。一旦感觉安全，来访者的生理状态就会随之变化，自发的参与行为也会随着发声和面部表情的改变而发生。

我想给临床医生两点建议。第一，给来访者寻求安全的力量；第二，理解神经觉的原理，以理解神经系统在安全环境中对特定信号做出的反应与在危险环境中是不同的。

由于包含低频音的嘈杂环境会触发我们的神经系统做出应对捕食者的反应，消除低频音和背景噪声能提升临床环境的疗愈潜能，临床环境保持相对安静是很重要的。很多有创伤史的来访者在公共场合中都会感到很不自在，他们往往不想去餐厅或电影院。就连走进购物中心，他们也会因声音、震动和人际距离感到危险和不知所措，电动扶梯的低频音和震动都能困扰到他们。既然我们知道了这一点，为什么不创造一个他们能感觉安全一些的环境呢？

只要来访者能感觉安全，治疗方案就可以有效实行了。我们该怎么激活社会参与系统来确保他们感受到了安全呢？有一些可选方案是与我们的神经系统相关的，举个例子，即使是没有他人在场，聆听声乐等富含韵律的声音也能让我们感觉更安全一点儿。

音乐怎样引导迷走神经调节

　　聆听声乐是我研发的干预项目的一部分。LPP（参见第二章）最初是针对自闭症患者实施的，干预项目放大了声音语调的抑扬顿挫，借此锻炼中耳肌的神经调节能力，同时将之作为身处安全环境的信号反馈给神经系统，借此改变迷走神经对心脏的调节。

布： 你在音乐项目中都做了什么？

波： 我用计算机对声乐进行了修改。声乐，特别是女声声乐，用的是没有低频音的语调。计算机对声乐的处理强调并功能性放大了这种调整。这相当于放大了韵律，能够有效激活对有韵律人声进行侦测和反应的神经回路。

　　从理论上讲，这种干预是为了激活侦测韵律的神经回路，从而激活增加中耳肌神经张力的下行神经通路，以弱化背景噪声，提高理解人声的能力。因为脑干中调节中耳肌的区域也参与迷走神经对心脏的影响、调节面部表情、发声韵律，所以听力干预旨在刺激综合性的社会参与系统。

15 年来，我由多层迷走神经理论衍生出了一个可信的假设，这个假设将中耳结构的神经调节与听觉过敏和听觉处理联系了起来。具体而言，我假设中耳肌神经调节的改变将决定性地改变中耳结构传输功能，这提供了一个合理的机制来解释为什么听觉过敏与人声处理困难会产生共变。然而，即使 LPP 能同时缓解听觉过敏反应、提高听觉处理能力，我们还是没有可靠的设备或检验手段来测量中耳的传输功能，对这一假设进行检验。这一问题后来被我的研究生格雷格·刘易斯解决了。2011 年，刘易斯在我的实验室完成了他的博士研究，他开发了一种测量中耳结构传输功能的设备"中耳吸声系统"（MESAS，参见第二章），它是一种在言语和听力科学研究中缺失的概念（Porges & Lewis, 2011）。

现在我们可以客观评测有哪些声音传输进入大脑或在鼓膜上反弹了。MESAS 对人们是否通过鼓膜听取到人声，以及这些声音是否被吸收的低频音（神经系统辨识的捕食者）掩盖进行了记录。把鼓膜想象成一个定音铜鼓，当铜鼓的鼓面紧绷的时候，音调就会升高，这意味着高频音被选择性吸收了，但低频音却没有。

MESAS 提供了一种客观检测听觉过敏的方法。我们在一些被诊断有自闭症的孩子身上测试过 MESAS，也在其他一些有创伤史、频繁报告听觉过敏的人身上做过测试。在初步研究中，我们记录到一些人声频段的吸收被削弱了，特别是位于人声第二和第三共振峰（formant）的频段。共振峰是特定频率下声能的集中体现，与声道的共振频率相对应。听觉过敏的人会吸收更多低频音，使得能够分辨多种声音的高阶共振峰遭到扭曲，而处理这些高阶共振峰的能力催生的就是区分辅音和处理词尾的能力。

我们在参与者们参加 LPP 之前和之后都进行了测试。这些参与者中的一部分人的中耳传输功能已经正常，这意味着我们可以恢复一些参与者中耳肌的神经调节能力。MESAS 还记录下了声音吸收曲线的变化，这意味着更多人声相关的频率得到了吸收。在观察到这些现象之前，医生们认为听觉过敏和听力处理困难是由大脑皮质的神经回路所决定的，他们并不了解中耳结构作为过滤器的作用，也没有认识到它在社会参与系统中的作用，而后者恰恰将听觉处理和听觉过敏现象与行为状态调节困难和社会参与系统的其他特征联系了起来。

在我们的 LPP 研究中，研究前患有听觉过敏的参与者大约有一半在接受干预后康复了（Porges et al., 2014）。大部分参与者的社会参与行为也得到了增强。在另一项研究中，我们发现了社会参与行为的改善与自主神经状态迷走神经调节的增加相一致，这佐证了我们的假设：通过干预手段改变自主神经状态，能够功能性地改变社会参与行为的神经基础，从而减少防御行为（Porges et al., 2013）。

布：那音乐疗法有用吗？

波：有用，音乐疗法中有两部分对很多人都非常有帮助。问题只在于人们并不太了解音乐疗法的作用机制。虽然现在有很多积极结果的报告，却并没有一个真正有力的理论来解释音乐疗法有效的原因和生效的过程。但是，多层迷走神经理论阐释了多层迷走神经与中耳肌、咽喉肌的联系，这可以用来解释音乐疗法的作用原理和它的益处。

人们唱歌的时候会控制自己的呼吸。唱歌需要拉长呼气的持续时间，在呼吸的呼气阶段，有髓鞘迷走神经传出通路对心脏的效力会增加。这就解释了唱歌或吹奏管乐器为什么会让生理状态更平静，让人能更容易调用社会参与系统。

唱歌不只是呼气。想想你唱歌的时候还要做什么？

你会聆听，这会增强你中耳肌的神经张力。此外，你也用上了咽喉肌的神经调节。还有呢？你还通过面神经和三叉神经调动了嘴部和面部的肌肉。

如果和一群人一起唱歌，你就是在进行社会参照——你在和他人互动。所以唱歌，特别是在人群中唱歌，是一种绝妙的社会参与系统的神经练习。

吹奏管乐器与唱歌非常相似，并且也涉及了聆听、呼气和与指挥的互动。

调息瑜伽是另一种过程相似的方法。调息瑜伽在功能上与社会参与系统有关，它能够对呼吸和面部横纹肌产生影响。

社会参与信号：自我调节与"一无所知"

布：不久前，我们谈到了为什么有些人需要那些社会参与信号，而另一些人对此一无所知——好像那是一种外国语言而他们刚移民到这个国家一样。

波：让我们先忘记这些复杂的诊断类别吧！如果我们用诊断类别来解释，最后总会归于对并发症的描述，并要用很多术语，而这些术语对理解、解释潜在的功能和过程一点儿用都没有。

我们先来建立一个非常简单的人类行为模型。将人按照与他人共同调节的能力进行连续排名。这实际上就是你说的：有些人对他人的社会参与特征一无所知，而这也就表示，他们与他人共同调节自身生理状态的能力不怎么样。

现在，我们来探讨另一方面——关于那些用物品进行自我调节的人。记住，当代社会的社交沟通技术实际上是那些自身在社交技能和与他人共同调节能力上有困难的人推动产生的，我们管这种新技术叫作社交网络技术。我们使用电脑，用智能手机发送短信，在某种意义上说，我们正在将直接面对面的互动这一人际互动的本质从人际互动中剥除。我们的互动方式正在从同步转变为异步：先留下信息，然后稍晚才去看有无回应。一些人在有他人在场的情况下无法正常调节自身生理行为状态，却或许能通过物品调节得很好，而我们现在正在允许这些人来组织和运转世界。

从一个非常全面的临床视角来看，很多主动要求心理治疗师诊疗的疾病都是关于与他人一起调节自身状态的问题。当一个人在通过他人调节或共同调节状态时遇到困难，他们就会适应性地倾向于用物品来进行调节。

有时候，这些倾向会让这些人被贴上临床诊断的标签。不管是被诊断为自闭症还是被诊断为社交焦虑，这些都不重要，我们只要知道这些人的神经系统无法参与互惠的社交互动，他们很少能从他人处感受到安全，也很少能进入那种社交行为能促进健康、成长和恢复功能的有益生理状态。对这些人来说，社交行为是破坏性的而非支持性的。人们可以自己选择进入两种不同的群体，要么通过社交互动调节自身，要么用物品进行自我调节。

另一个问题是这两种调节策略对儿童教育和社会化的影响。教育正在变得越来越脱离面对面的互动，学校正在把平板电脑放在越来越多学龄前和小学儿童的手中。我最近看了一个关于学校的新闻节目，平板电脑正在小学中被推广使用，校方对采用这一技术很是骄傲。摄像机扫过教室的时候，孩子们都埋头盯着平板电脑，却没有看向彼此或老师。

这究竟意味着什么呢？这意味着神经系统正在失去锻炼与社会参与行为相关的神经调节回路的机会。没有锻炼这些神经回路的机会，孩子们就无法发展出在困难来临时进行自我调节和与他人一起调节的神经能力。

　　这里还有一个很重要的问题是学校系统会发生什么。在这个以认知为中心、以大脑皮质为中心的世界的重压下，我们遭受着越来越多信息的狂轰滥炸，却没能认识到这样一点：在一种受有髓鞘迷走神经调节的生理状态下，我们的神经系统才能充分处理信息、产生新的大胆的想法、具有创造性，以及体验到积极的社交行为。那些要求共同调节的群体行为，如在合唱团中唱歌、在管弦乐队中演奏乐器，或者在课间休息时与他人一起玩耍，都是我们锻炼社会参与系统和有髓鞘迷走神经通路的机会，但我们却没有通过它们来充分发挥神经系统的拓展性和积极属性，而是错误地认为这些神经练习的机会是在分散注意力，让我们不能在教室里多坐一会儿。当然，学生们接收到了更多信息，但这些信息没有得到有效的处理，叛逆行为也跟着出现。这种对教育过程和人类发展的看法实在是天真。

　　我想这一探究方向应该指向关于早期经历、早期经历的结果，以及早期经历怎样引发其他风险因素的问题。我们应该从神经、发育甚至实践的层面来看待这些问题。例如，如果我们在行为和生理调节上不使用特定的神经回路，它们就不能好好发育。事情并没有悲观到我们日后再也无法正常调动这些神经回路，只是意味着因为我们没能及早调用它们，所以以后要付出一定代价。

神经调节的调用

布：我们要怎么帮助那些没能调用这些神经回路的人学会调用它们呢？

波：首先要考虑的当然是安全的环境。我本想说这取决于来访者的年龄，但事实上，不管对什么年龄的人，首先要向他们传达的信息是他们没有做错任何事。一旦我们要求来访者做出改变，他们通常会将其理解成他们做错了什么事，而一旦经由神经系统处理这种"批判性"反馈，来访者就有可能转为防御状态，更难平静下来并加以保持。所以，我们神经系统的运作方式和我们养育孩子、教导学生、疗愈来访者的方式之间存在着一个彻头彻尾的悖论。

如果想让一个人感觉安全，我们就不能指控他做了什么错事或坏事。我们得向他解释他的身体如何做出了反应、这些反应为什么是适应性的、要接纳这些适应性特质，并让他认识到这些适应性特质的灵活多变、会在不同环境下发生改变。然后，我们才能动用我们那有着绝妙创造力和整合力的头脑来完成一个叙事，让他不要把异常行为看作坏事，而应该看作一种可理解的适应性功能，而且往往是在保卫我们。

依恋理论与适应性功能的关联

布： 依恋与多层迷走神经理论有什么联系呢？

波： 经常有人问这个问题。这一定程度上可以在苏·卡特的研究中找到答案。苏是我的同事，也是我的妻子，她发现了催产素与社会连接之间的关系。我得说，有好几年，包括社会连接和依恋在内的社交行为都是她的研究领域，而不是我的。她通过对草原田鼠（prairie vole）的观察和研究，提出了关于社会连接的研究课题。草原田鼠是一种小型啮齿类动物，有着非常有趣的社交行为，包括终身配偶制和父母共同照顾后代的育儿方式。这是一种相当神奇的动物。

草原田鼠的催产素水平很高，在过去几年里，我和苏并肩研究，测量它们的迷走神经对心脏的调节能力。这种体重只有 50 克左右的小动物，其迷走神经对心脏的调节水平却与人类的相当接近，这在啮齿类动物和小型哺乳动物身上是非常罕见的。

自从我开始与苏合作，我对讨论包括依恋在内的社交行为感到更加自如了。也正是从这次合作开始，我意识到对依恋的研究中缺少了一项，即催生依恋的重要环境条件，也就是我说的依恋的前提，而依恋的前提是依赖于安全信号的。我觉得，如果不讨论安全和社会参与特征，我们就无法讨论依恋的问题。在我看来，具有有髓鞘迷走神经通路的社会参与系统是依恋过程赖以发生的神经基础。这是一个层级关系，先是拥有安全感，然后健康的依恋就会自然而然发生。

苏和我一直在研究一个概念，我们称之为"爱的神经代码"（neural love code）。它包括两部分：第一阶段是社会参与，通过参与行为来运用安全信号，以协调社交距离；第二阶段是身体接触和亲密关系。我们将这些过程表述为一串代码，以表示如果这两个过程没有按照正确的顺序发生，个人就会产生依恋和人际联结上的问题。

从临床角度来看，我认为彼此联结却没有在对方身上感受到安全可能是现在很多伴侣会来寻求治疗的一大原因。我想强调的是，如果没有对有安全感和社会参与的环境有一个透彻的理解，我们就不应该在任何层面讨论依恋的问题，不管是理论上还是实践上。

让医院在心理层面使人感觉更安全

布：我想问问你关于医院的事，以及如何让医院成为在心理层面使人感觉更安全的地方。患者住院期间，我们总是希望医院的设施和组织方式能够有助于促进疗愈、强化免疫功能，但我不确定我们的医院有没有做到最好，因为我们要关注的其他事情太多了。

波：我认为这个问题很重要，当然，答案是我们在这方面投入的心力还是太少了。任何住过院的人都可以告诉你，穿着暴露的病号服、每小时都被叫醒、一直萦绕在耳边的噪声，环境中的一切都在不断向你的身体传达着一个信号，叫你赶紧离开医院，因为医院不安全。

　　这个问题与医院的管理者和他们的议程设置有很大的关系。医院和员工的目标是什么？是为患者提供医疗服务，并保护员工不被指控为治疗失当。在这样的方针下，健康监测和清洁重于一切，而其他像社会支持一类的事务一般就不会受到重视，这实在太可悲了。

在我们被送进医院的时候，我们的神经系统职责性地向我们传达一些信号，这些信号会引发类似这样的想法："我将要进入一个我无法保护自己的物理环境。我想要确保我在安全且充满爱的环境里。"遗憾的是，大多数患者在医院里没有体会到安全感。

我觉得这真的很可悲，因为医疗和联合保健领域有那么多训练有素且充满爱心的医生，他们本可以为进入医院的患者创造一种不同的医疗环境。

与其被那些你必须签字来让医院免除法律责任的文件压得喘不过气——不签你就得不到医疗服务，你不如为自己找一个身体的管家，来帮你探索和适应医院环境呢？让他带你去医院，并为你卸下过度警惕的负担。没有了这些负担和提心吊胆，你的身体就会愿意配合医学治疗，而不是感到害怕并处于防御状态之中。

正如我们访谈之初讨论的那样，问题就在于，如果你感到恐惧、害怕，你就无法快速痊愈。既然知道了这一点，我们为什么不做些力所能及的事来让人们感觉安全呢？

我们需要意识到，作为人类，我们需要互惠互利和安全感。

布：在结束之前，我还想问一下，斯蒂芬，你的下一步计划是
　　什么？

波：我觉得自己是一个成熟的科学家，已经做了不少有趣的研
　　究了，现在我打算去做更多新奇有趣的事。我计划继续
　　致力于将我的研究转化为临床实践。例如，我们会开发
　　新的干预项目来调动支持健康、成长和恢复功能的神经
　　回路，而不是将医学治疗局限在手术和药物上。

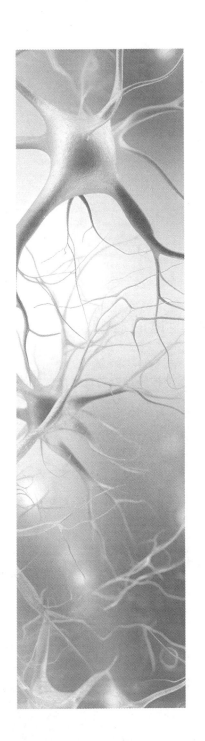

第四章

重新解释创伤对大脑、身体与行为的影响

斯蒂芬·W.波格斯与露特·布琴斯基

多层迷走神经理论的起源

布：今天，我们可能要讨论多层迷走神经理论与自闭症、边缘型人格障碍，以及许多其他行为和疾病诊断的联系。但是，一切都要从理解迷走神经开始。

波：我们先来概述一下多层迷走神经理论的主要特点。

多层迷走神经理论的基础是我们自主神经系统的演化。由于演化，我们的爬行动物祖先与哺乳动物近亲的行为方式有很大不同。哺乳动物需要寻找社会关系，需要被养育和保护，也需要相互保护。爬行动物则倾向于独来独往——所以，社交行为的概念是建立在区分爬行动物和哺乳动物的行为适应这一基础之上的。随着演化中出现的这种转变，自主神经系统在结构和功能上也发生了变化。

　　一种使我们脊椎动物祖先能够做出动员化行动和进入"关闭"状态的系统演变成了我们如今的自主神经系统，它能支持两种形式的防御：一种是战斗或逃跑，另外一种则是非动员化，就像许多爬行动物那样。但是随着哺乳动物的演化，自主神经系统出现了一种新的组成部分或分支，一般是作为"啦啦队"来激活神经回路，以及作为一位"指挥"来协调两个相对原始的组成部分的功能。它使交感神经系统的"战斗或逃跑"以及迷走神经系统的"关闭"等原始生物行为反应能够协同运作，但是这只能在安全的环境中发生。

布：请解释一下你刚说的"啦啦队"和"指挥"是什么意思吧。

波：那就先从比较容易解释的"指挥"开始吧，因为自主神经系统的新组成部分与创造社会环境的神经结构相联系，这一神经结构同时牵连更高级的大脑结构以影响脑干结构，从而调节自主神经系统古老的部分，使其不进入防御状态，并能够支持健康、成长和恢复功能。这就像我们使用高级大脑结构来侦测危险，如果没有危险，我们就会功能性地压抑古老的防御系统。"指挥"基本上是在应用一种演化决定的层级关系，其中新近的神经回路控制并调节古老的神经回路。这也就是大脑在系统发育上的组织方式。

自主神经系统包含的结构不只存在于我们的内脏。这种理解承认了脑干的重要性——脑干是调节自主神经系统的神经的源头；还承认了包括皮质在内的高级大脑结构对这些脑干区域的重要影响。

我们身体里的这位指挥会说："没关系，这些系统不需要调动防御机制——它们可以协同工作来支持健康、成长，甚至是愉悦。"

现在来说说"啦啦队"。"啦啦队"是一个跟足球赛中啦啦队的行动相似的概念。啦啦队是被调动起来的，但也用面部表情和发声韵律等社会参与系统的特征来维持受调动的行为，使其不至于成为防御行为。啦啦队这一角色在功能上使用动员化，但不是为了防御。通过将动员化与社会参与系统相结合，参与"战斗或逃跑"的行为系统现在也参与了亲社会行为，我们称之为"玩耍"。

"战斗或逃跑"行为与玩耍行为之间的区别在于，在动员化的同时，我们会彼此进行眼神交流和亲密接触。

我们用社交信号削弱了威胁信号，因此才能使用交感神经系统来支持行动，且不至于转入防御性的战斗或逃跑行为。我们在调用社会参与系统时甚至也可以使用最古老的非动员化系统，让我们能在我们觉得安全的人的怀抱中从容休憩。

　　这就是多层迷走神经理论。我来解释一下这个名字。"多层迷走神经理论"用了"迷走神经"一词，而多层迷走神经的意思是"许多迷走神经"，或更准确地说则是"许多迷走神经通路"——我起这个名字就是作为一个提醒：自主神经系统的神经调节存在着一种系统发育上的变化、一种演化上的变化。

"植物性迷走神经"与"智能迷走神经"

布：在你的书中，你谈到了"两种迷走神经运动系统"——"智能迷走神经"（smart vagus），以及与内脏功能被动调节相关的"植物性迷走神经"（vegetative vagus）。

波：在对副交感神经系统的研究中出现了一个悖论，迷走神经是副交感神经系统的主要神经通路，在我们大多数的讨论中，迷走神经和副交感神经系统是可以互换使用的。但更准确地说，迷走神经通路只是副交感神经系统通路的一个子集。在我们阅读的文献中，副交感神经系统总是和健康、成长和恢复功能联系在一起——它是"好"的。

我们总是把交感神经系统当成需要控制的"死敌"，这种说法在一定程度上是正确的，但这种区分对我们理解临床状况真的没有帮助。

如果你出于恐惧而做出了非动员化反应，让迷走神经通路控制心脏停搏，引发排便，或者通过迷走神经收缩支气管导致你无法呼吸，这时你会怎么样？我们可没法把这种情况解释为"好"事。

因此，我们在对副交感神经系统运作的理解上存在着一个真正的悖论，即几乎所有关于迷走神经通路作为防御系统这部分的信息，都从自主神经系统的一般模型中被选择性删除了。同样，如果我们看看爬行动物的主要防御系统：非动员化、呼吸抑制、心率降低——"假死"——基本上就是昏厥，让自己看上去像是死了。

事实上，我们来看看猫爪下的老鼠，它们有什么表现？它很明显地中止了呼吸，心率极低，看上去好像已经死了或快死了。这些全都不是随意行为，所以如果我们认为副交感神经系统通过迷走神经施加的影响都是积极的，那就大错特错了！

这一悖论激发了我的兴趣。在过去 20 多年里，我一直在致力于解决这个问题。通过对自主神经系统神经的调节随着演化而变化的理解，我成功了。如果绘制出自主神经系统神经调节的系统发育变化图，我们就能看到哺乳动物演化中出现的第二种迷走神经通路。我们也能在研究哺乳动物胎儿发育时看到同样的发展变化。

早产儿出生时没有这种新近的、智能的哺乳动物迷走神经，而这将导致可能致命的迷走神经反应。在新生儿重症监护室，这些迷走神经反应会引发呼吸暂停和心动过缓，新生儿会停止呼吸，其心率也会变得极慢。

我们大多数人了解到的是迷走神经反应是"好"的，它们能支持健康功能，但这对早产儿来说却不是，他们没有机会接触到在妊娠后期开始发挥作用的、更新近的有髓鞘迷走神经。功能上来说，这些在 32 周妊娠期前就出生的早产儿，他们的自主神经系统带有爬行动物的特征。容易出现的呼吸暂停和心动过缓，正是爬行动物防御反应的表现。只有足月生产的新生儿才有新近的有髓鞘迷走神经，能够协调另一种迷走神经回路和交感神经系统来支持内稳态和健康。

布： 也就是"智能迷走神经"。

波： 是的，我们也可以用近义词，比如哺乳动物迷走神经、智能迷走神经和有髓鞘迷走神经来形容哺乳动物这种独特的神经通路。

　　这种迷走神经通路可以与更为植物性的无髓鞘迷走神经通路相对应。我们可以在这两者之间做出另一种区分：一种迷走神经主要是膈下的，而另一种主要是膈上的。

　　膈上迷走神经主要是有髓鞘的，通向膈肌上方的器官，如心脏和支气管；膈下迷走神经则主要是无髓鞘的，通向膈肌下方的器官，如肠道。膈下迷走神经是我们和爬行类、鱼类和两栖类动物都有的，它指向膈肌下方，主要调节我们的肠道。当我们谈及临床疾病时，谈的就是"到达肠道"的问题。在描述膈肌上方的迷走神经通路时，我们其实是在谈论心脏和支气管的神经调节。膈肌上方器官的迷走神经调节主要是通过有髓鞘迷走神经。如果有髓鞘迷走神经通路不再控制心脏，我们可能会受交感神经系统影响而感觉心悸，或者受无髓鞘迷走神经影响而感觉心率大幅度减缓。要注意，虽然无髓鞘迷走神经"主要"调节的是膈肌下方的器官，但也存在着进入心脏的无髓鞘迷走神经纤维，它们可能会引发心动过缓。

来自身体的信号告诉了我们很多关于这个系统的信息，但我们还是把大脑也纳入了讨论，因为这些迷走神经通路的每一条实际上都来自脑干的不同区域，这也就是为什么加入了对脑部结构和功能探讨的多层迷走神经理论不仅仅是一种关于周围神经的理论。虽然迷走神经是一种周围神经，它依然起自大脑并终止于周围器官。然而，两种迷走神经通路起自脑干的不同核团，即迷走神经疑核和背核。迷走神经感觉通路终止于脑干第三个神经核，即孤束核。

关于这种哺乳动物智能的有髓鞘迷走神经，有一点很有趣也很重要，即它们起自脑干中控制头肌和面肌的区域。社交能力强的人和善于观察的医生、教育工作者们会不断观察与他们互动的人，看着这些人的时候，他们经常能明白对方的感受。

这种与他人感同身受的能力是建立在神经生理学原理基础之上的。我们可以侦测和理解另一个人的感受，因为控制头部和面部横纹肌的神经与有髓鞘智能迷走神经在脑干里是相连的。在功能上，我们"相由心生"，大脑会自动解读这些信息，而身体随之做出反应。虽然敏锐博学的医生能凭直觉知晓这一点，但多层迷走神经理论对这一过程做出了解释。

随着这些过程的演化，它使得同种生物，即同一物种的个体，能够侦测靠近另一个体是否安全。安全和威胁的信号不仅通过面肌来传达，也通过控制发声的肌肉传递出来。如果正在被靠近的哺乳动物生理上正蓄势待发并准备进行攻击，这些生理状态的信号就会在其脸上和声音里反映出来。

当我们与某人在电话里聊天，基于听到声音的特征，我们可能会询问他们是否出了什么事。如果他们的发声缺少韵律，平直而单调，我们可能会更担心是否出了事。韵律依赖于咽喉肌的神经调节，而这种神经调节是在脑干中调节有髓鞘迷走神经的区域进行的。事实上，有髓鞘迷走神经通路参与了韵律的产生，而这些迷走神经通路与对心脏进行调节的迷走神经是一致的。

迷走神经：一个神经通路家族

布：在继续讨论之前，我们先来讨论几个基本问题。我知道，生理学上看，迷走神经不是一条神经，而是一个神经通路家族，它们起自脑干的几个不同区域，并发展出不同的分支。

波：迷走神经是一种从脑干发出的脑神经。我们有 12 对脑神经，一些控制着面部横纹肌。一般来说，我们谈到肌肉的神经控制时，主要关注的是参与身体四肢运动的骨骼肌。这些骨骼肌是受来自脊髓的神经控制的。但是，脑神经不像脊神经那样调节头部和面部横纹肌。举例来说，面部表情受起自大脑的脑神经调节，这与脊神经对躯干和四肢肌肉的调节不同。另外，迷走神经也参与头部和面部横纹肌的调节，也调节着平滑肌与心肌。

　　多层迷走神经理论聚焦于 5 种起自脑干的脑神经。我们可以将大脑看作一个倒三角形，顶部是广阔的大脑皮质，底部是狭窄的脑干。大部分对脑部的研究，特别是使用脑成像技术的那些，都专注于研究大脑皮质，而往往忽视了脑干的作用。然而，简单来看，脑干是多数信息进出大脑的最后一条公共通道。我们可以将脑干视作一个建筑结构，其他过程都在这一结构上进行。如果我们不能调节自身生理状态——这是脑干的责任，就难以接触和使用更高级的认知功能。

　　脑干的解剖结构让我们有机会比较不同的脊椎动物物种，以及推断演化中发生的适应性改变。功能上来讲，脑干是生理状态的主要调节者，因为生理状态的调节为我们的一系列行为做好了准备，脑干对我们行为的各方各面，以及对维持生存和健康的内稳态都是至关重要的。

　　在各种诊断类别中表现出的一大临床问题是行为状态调节的困难。多层迷走神经理论假设的是，行为状态调节困难是自主神经调节困难的表现。在临床上，调节行为状态的能力与边缘型人格障碍（broderline personality disorder, BPD）、精神分裂、抑郁症、焦虑症、自闭症等临床疾病是有所关联的。在环境和需求动态变化时，调节状态的能力经常被用来确保心理韧性的运转。

　　要理解多层迷走神经理论对各种临床状况的重要性，就必须将迷走神经视为一种连接大脑和身体的双向管道。迷走神经管道有着从大脑到器官的运动通路和从器官到大脑的感觉通路。多层迷走神经理论是关于迷走神经参与脑-身交流的理论，它让我们看到周围器官的功能对大脑活动的影响，以及大脑活动对内脏器官的影响。多层迷走神经理论使我们重新认识了内脏器官的调节，不再把器官视作漂浮于内脏海洋、与大脑活动无关联的独立结构。

迷走神经纤维发源和终止于脑干的不同区域，各司其职。一些纤维从大脑去往特定的内脏器官，但更多的纤维起自内脏器官，通向大脑。这种感觉系统具有监视功能，帮助维持内脏器官的最优化调节。大约80%的迷走神经纤维都是感觉纤维，这些感觉纤维对使用某些大脑结构的能力有着巨大影响。

多层迷走神经理论强调迷走神经随演化而改变。其中一种变化发生在哺乳动物出现的那个时期。哺乳动物的脑干对迷走神经通路的调节与面部的调节整合在了一起，让我们的生理状态特征得以在脸上和声音中表现出来。这种变化的适应性功能很明显：作为哺乳动物，在另外一哺乳动物个体处于愤怒的生理状态时，我们是不想去靠近和接触的。

如果我们在另一同物种个体处于支持愤怒的生理状态时靠近对方并入侵了他的个人空间，他就会变得具有防御性。在哺乳动物身上，这种行动策略表现为通过咆哮、嘶吼、抓挠和撕咬来驱逐入侵者。我们想收到的信号是对方允许靠近，哺乳动物通过面部表情和韵律特征传递这一信息。调节这些功能的肌肉与调节心脏的有髓鞘迷走神经相连，这些安全信号借此输入我们的神经系统。

迷走神经对心脏的调节与头肌和面肌调节间的联系让我们能够从面部看到、由发声听出生理状态的好坏。另外，在头肌和面肌张力减小时，中耳肌也会失去其神经张力，并对捕食者相关的低频音变得极度敏感。中耳功能发生这种转变时，我们会很难提取人声的含义，因为要理解人的话语就必须听到相对轻柔的高频谐波才行。

研究表明，一些临床疾病同时与迷走神经对心脏调节的减少与头肌和面肌神经调节的受抑制有关。这种头肌和面肌的抑制表现为情绪表达贫乏、发声缺乏韵律、听觉过敏，以及难以理解口头指示。正如我们之前提到的，脸-心系统共同组成了一个综合性的社会参与系统，在一些表现出情绪表达贫乏症状的疾病中，该系统的功能被抑制了；同时，迷走神经调节也遭到了潜在的抑制，触发战斗或逃跑行为所必要的交感神经被激活的阈限也降低了。这一系统的抑制如果发生在生命早期，就有可能导致语言发展上的困难。

让我们把这些迷走神经异常和状态调节异常的过程与临床疾病联系起来。不用标准化的特定精神疾病诊断系统，我们先来探索一下一些临床疾病共有的特征都有哪些。

如此，我们就会发现状态调节，即调节行为状态的能力，是一些诊断类别共有的基本问题；还会发现可观察到的行为状态调节的中断和其他与面部神经肌肉控制有关的问题也会显现出来：脸的上半部分看起来没有反应，类似于肉毒杆菌作用的效果。被称为眼轮匝肌的眼睛周围的眶肌，也是受面神经的分支控制的。面神经也是一条脑神经，这一分支也参与了镫骨肌（stapedius，中耳的一块小肌肉）的神经张力调节。当这一肌肉失去张力，人就会出现听觉过敏，并难以从背景音中提取人声（Borg & Counter, 1980）。

中耳肌控制着我们身体里最小的那些骨头，影响着振动鼓膜并传输进内耳再到大脑的声音能量的变化。当中耳肌没有适当地收缩，我们就会被背景声中轰鸣的低频音狂轰滥炸，这会影响我们理解人声的能力。如果发生了这种情况，为了适应，我们会本能地远离声源，而这就会导致那些对声音过敏的人退出社交场合。

我想强调一点，我们的声音和面部表情传递出的信号确实就是我们生理状态的表现，呈现了我们身体里发生的事。这些信号告诉他人我们是不是安全可靠近的。这一传递和侦测这些信号的能力深深刻在我们的身体里，是哺乳动物演化史的一部分。

在我的实验室里，我们研究了婴儿哭声的声学特征和他们的心率，发现了其中显著的相关性（Stewart et al., 2013）。高音调的哭声与更快的心率相关。我们也在我妻子的实验室里对小型啮齿动物草原田鼠进行了研究。我的妻子是苏·卡特，就是那位发现催产素对社会连接起作用的科学家。我们测量了田鼠发声时的心率，发现田鼠的心率与它们的发声特征间存在相似的联系（Stewart et al., 2015）。

在两项研究中，发声都是个体迷走神经对心脏调节的一种反映——婴儿和田鼠都在与同物种个体交流他们的"感受"。这些都是我们互动行为的例子。我们在声音中使用韵律来向另一个体的身体——而不是他们的认知——告知我们是痛苦且过激的还是平静安全可靠近的。

让我们从社会关系或与他人初见的角度来看这一点。我们可能会说："这个人资历深厚，似乎很聪明，我同意他的观点，但你看，我就是不信任他。"这种接纳他人时的谨慎是基于我们神经系统收到的信号的，即这个人在身体层面并不能安全相处。

深埋在我们神经系统中的一个重要演化产物是，我们的神经系统倾向于优先聆听旋律，并且将旋律当作抑制防御性的信号。这一降低防御性的过程是通过新近的有髓鞘迷走神经实现的。

迷走神经与心肺功能

布： 你对心肺功能和迷走神经有很多想法，我们能把这些联系到一起吗？

波： 最简单的一点是，我们的心肺系统职责是为血液供氧。氧气对包括人类在内的所有哺乳动物的生存至关重要。没有足够的氧气，我们就会死，而迷走神经在运输氧气进入血液的过程中起着重要作用，它通过有节奏地调节血流和支气管收缩来促进氧气扩散到血液中。

当我们开始在一个人身上看到一系列疾病——如高血压、睡眠呼吸暂停和糖尿病，这通常反映了这个人有髓鞘迷走神经功能的失调。

许多这类疾病都与精神或心理因素有关，因为调用有髓鞘迷走神经调节生理状态的系统很大程度上也受环境的社会信号的影响。关键在于，调节社交互动和社会参与行为的神经回路，与支持健康、成长和恢复功能的神经回路是同一个。

这不是两种失调的问题，也不能被区分成两种疾病或两个学科的问题，一边的内科医学与另一边的心理学、精神病学之间并不是那么泾渭分明——它是一种综合的生理机制，不仅调节健康、成长和恢复功能，也促进和支持社交互动，为个体创造安全。

我们在这次访谈中还没有用过"安全"一词，但安全在这里是一个关键特征。如果我们的神经系统侦测到安全，就不会再具有防御性，而当其不再具有防御性，自主神经系统的神经回路就能支持健康、成长和恢复功能的运作。这是一个层级关系，对神经系统来讲，最重要的事莫过于我们的安全。在我们安全的时候，许多神奇的事才会发生，而且不仅仅发生在社会关系层面，还会发生在很多层面，比如大脑层面。安全感会影响我们大脑中负责感受愉悦的区域，让我们心胸开阔，并且有创造性和高度的积极性。

布：就你对应激的定义而言，这意味着什么？

波："应激"已经成了我们词典里一个很奇怪的词，非常奇怪，我们甚至得区分"好的应激"和"坏的应激"。我甚至都不喜欢用这个词！对我来说，当我们用到"应激"一词时，我们实际在说的是动员化——动员化并不总是坏事。

动员化是哺乳动物本能的一部分，也是人类本能的一部分。所以问题在于动员化没有产生功能性结果时，可能就得叫"适应不良的动员化"，可能这就是所谓"应激"的含义。举个例子：如果你并不喜欢采访别人或接受采访，你的生理状态就会转变，你的心跳开始加速，你会想从现场离开，但你不能离开。你的生理状态支持你做出动员化反应，你却不能做出相应行动，这就是适应不良。

第六感与内感知

在当代社会中，我们经常忽略甚至无视自己身体的感受，经常被教导要屏蔽身体传达给我们的反馈，这是行为管理策略的一部分。

回顾一下在这样一个高度结构化社会环境下的发展过程，就会发现我们总是在告诉自己不要去回应身体的需求。即使我们很想站起来活动活动，还是会让自己多坐一会儿。我们也会尝试在内急时拖延去厕所的时间，在饥饿时不去吃东西。当我们拒绝这些冲动和感觉时，其实是在关闭或至少是在尝试抑制这些试图调节生理过程的反馈回路的感觉部分。

内感知（interoception）反映了内脏传向大脑的反馈。只要理解了内感知，我们就能明白，来自不同生理状态的反馈会促进大脑不同区域的功能，并对决策、记忆检索等认知过程产生影响。

布： 这与高级认知过程有关吗？

波： 在某种程度上是这样。如果你的胃正疼得厉害，你还能完成好高级的认知任务吗？在胃痛的情况下，来自内脏的反馈限制了我们思考和解决复杂问题的能力。我们的文化环境真的不关心这个，所以他人会用"如果感觉痛，就吃药，那样你就不会痛了"这样的建议来尝试解决这个问题。但是，如果这种疼痛是你的身体在试图给你帮助或警告呢？

在我的研究生涯中，内感知与我经常使用的另一个我称之为神经觉的概念融合在一起。神经觉是神经系统在没有意识觉知参与时对环境风险进行的评估。当产生了神经觉时，我们试图给出一种叙事来解释自己身上产生某种感觉的原因。有趣的是，虽然我们觉察不到触发神经觉的信号，却能经常通过内感知觉察到由神经觉引发的生理反应。

下面这个例子可以解释神经觉：你遇到了一个人，对方看上去聪明又迷人，但就是吸引不了你，因为这个人的声音缺乏韵律，面部表情也很贫乏。你不明白原因何在，但通过神经觉过程，你的身体已经做出了反应："这是一个捕食者，再不济也是一个不安全的家伙。"所以，你自己组织出了一种个人叙事来合理化这一反应。

迷走神经张力如何影响情绪表达

我们先来定义一下常用的迷走神经张力，或者更准确地说是心脏迷走神经张力的概念。研究文献用迷走神经张力作为反映心脏上有髓鞘迷走神经通路功能的概念指标。我们通常通过量化心跳模式的振幅来对其进行测量，这种振荡以一种与自主呼吸近似的周期频率发生，这种心率周期就是所谓的呼吸性窦性心律不齐（RSA）。迷走神经对心脏的影响在吸气时受到抑制，呼气时又得到增强，呼吸对心率的深刻影响奠定了迷走神经张力这一度量的生理基础。其他对迷走神经张力的估量也是基于对心率变异性更全面的描述性统计数据进行的。

现在，我们来把迷走神经张力与情绪调节联系起来。"情绪"是一个复杂且经常模糊不清的概念，因为它涉及不同系统调节的各种表达和感受。情绪代表了一组心理概念，并非所有的情绪都是相同生理途径的表现。

发声是情绪表达的重要组成部分，与新近的哺乳动物有髓鞘迷走神经有关，因为发声和面部表情也受脑干中调节这部分迷走神经的区域调控。事实上，有髓鞘迷走神经通路直接参与了发声韵律特征的调节。

如果你无法再控制有髓鞘迷走神经，那么你可以表达的情绪形式就变了——你上半部分脸的肌肉失去了张力，下半部分脸的肌肉张力却可能增强。发生这种情况是因为上半部分脸提供的主要是安全信号，而下半部分脸是用来撕咬的，是战斗或逃跑行为相关防御系统的一部分。

迷走神经活动和情绪是相关联的，但情绪存在着第二个维度。第一个维度，我之前说过了，是头部和面部横纹肌调节、声音语调与迷走神经对心脏的调节之间的共同联系。第二个维度更依赖于交感神经系统，反映了运动与生理状态之间的相互作用。如果人们处于动员化状态，他们能够表达的情绪就会大幅减少。进入动员化状态时，他们必须降低有髓鞘迷走神经通路的影响，这就表现为心脏迷走神经张力的减小。

举个例子，想象一对夫妇的两个人在跑步机上一边飞快奔跑一边交流。在跑步时，他们的生理状态会转变为一种允许交感神经系统更大程度参与的状态。在这种动员化状态下，你会发现他们情绪表达的范围受限，变得过激的阈限也降低了。当然，凭直觉，你知道这是因为跑步期间的生理状态无法支持面部表情和发声韵律的调节。

布：如果迷走神经调节是情绪调节的一大关键部分，那么干扰了这部分就会引发情绪障碍吧。

波：或者引发对他人意图的误解。我们可以阻断情绪表达，对上半部分脸的肌肉使用肉毒杆菌就行，它能抑制兴奋的表现——兴奋和快乐都是通过眼轮匝肌，即眼周的眶肌表现出来的。我们从上半部分脸寻找情绪信号，如果这一表达过程遭到阻断，我们就可能误解他人的情绪反应。如果我们阻断的是某人迷走神经对心脏的控制，那么他的社交互动就会出问题，因为脑干中调节迷走神经的区域也调节着面部。

如果这个人正在服用药物，那我们还会面临其他问题。许多药物都有抗胆碱能（anticholinergic）的作用，也就是说它们会阻断胆碱能通路。迷走神经是主要的周围胆碱能通路，因此药物可能借此改变生理状态，并缩小情绪的表达范围。

迷走神经刹车

"迷走神经刹车"是你我现在能坐在这里却不至于感觉我们正在跳出皮囊的原因。迷走神经刹车能减缓心率，受有髓鞘迷走神经调节，解释了有髓鞘迷走神经的一大功能，即影响着心脏的起搏器——窦房结（sinoatrial node）。

我们经常忘记一点，如果没有迷走神经，我们的心脏每分钟可能会多跳 20 到 30 次。没有抑制心脏起搏器的迷走神经刹车，我们的心率可能高达每分钟 90 次。这种心率的"刹车"之所以发生，是因为窦房结这一天然的心脏起搏器的固有搏动速率比我们正常的心率要快得多。

迷走神经提供了这一"刹车"，抑制了起搏器，减缓了我们的心率。这一现象给了我们几个重要的适应性选择，意味着如果我们想要心率每分钟增加 10 次或 20 次，松开刹车就好，不需要刺激交感神经系统。如果我们刺激交感神经系统——一个更草率也更松散的系统，我们就可能进入愤怒或恐慌状态。哺乳动物就是有着这样奇妙的能力，可以在增加心排血量以促进动员化的同时不激活交感神经系统，只要松开这个刹车，我们就能够实现这些微小的调整。

神经觉的工作方式：感受威胁或安全

我们的神经系统演化出了侦测环境中某些特定信号并对其进行实时解释的能力，不管是声音信号还是周围人的姿势信号。大多数解释过程并不发生在认知觉知层面上。"知觉"在这里并不适用，所以我创造了"神经觉"一词，其基本含义是，神经系统在不需要意识觉知到风险的情况下评估风险，同时尝试适应、探索环境，或者激活适应当前情况的神经组件。

如果你正待在一个面带微笑、说话抑扬顿挫的人身边，或者只是听到他的声音，你都会感觉非常舒服并想要靠近这个人。你会意识到背景杂音都消失了，你兴致盎然，身体状态也变得平静，这就是安全的神经觉受他人社会参与系统触发的表现。

相反，如果和你打交道的人只用非常短的短语对话，声音没有韵律，你的神经系统就会立刻做出反应，你的身体会想要远离这个人，因为它们此时传达给你的信号是不安全。这些都是神经觉的例子。

有些男士遇到过这样的问题——他们说话很大声，用的是低频率的发声，然而大多数人，尤其是女士和孩子，都不想靠近他们。神经系统在通过神经觉做出这些解释的时候是不需要你觉察到的。

布：神经觉是我们直觉的生理学部分吗？

波：我认同你这种解释。神经觉会引发身体对风险信号做出反应，但还有第二步，我们可能觉察不到触发神经觉的环境信号，却经常能觉察到自己的生理反应。这些生理感受经常影响着我们对自身经历的个人叙事。我们的故事必须符合这种感受，虽然有时候听起来毫无道理："我喜欢这个人 / 我不喜欢这个人 / 这个人对我不好 / 我不喜欢去购物街……"这个人在试图让自己的叙事听起来合理——试图让似乎没道理的混乱反应听起来合乎逻辑。

布：我们在治疗创伤时遇到过很多这种情况，事实上，在治疗各种疾病甚至处理人际关系时也是如此。

波：是的。我们需要意识到，人们被触发进入动员化防御或"关闭"状态时，他们会编织出一套详尽的叙事来合理化身体的所作所为。承认对生理反应的认识是很重要的，这些反应不仅会改变我们的生理状态，还会影响我们对世界的感知。生理状态会影响我们对他人的认知，认识到这一点对帮助来访者改进他们的个人叙事很有帮助。

设想一下，你有胃痛的毛病并且现在正在发作，胃很不舒服还痛得厉害，你要怎么去和他人相处？这时的你会给他人以支持并与他人互动吗，还是会变得暴躁易怒呢？

如果你胃痛，你就没办法在社交场合好好表现，但如果你没觉察到你的神经系统是被环境激活——不是胃胀气引起，而是其他事物引发——的呢？你会突然感觉特别烦躁吧！这时你是想去责怪他人呢，还是试图在这个复杂的世界里找个安全的地方呢？

我经常喜欢这么说，如果神经系统的反应让人失望，我们会付诸行动。在神经系统侦测到危险、风险或恐惧一类的神经觉时，也许我们可以聪明一点儿，自己想办法摆脱它们，而不是自暴自弃坐在那里说"你必须留在那样的环境里"。

我们如果够聪明且见多识广，就会听从自己身体的指令，如果不听，我们的神经系统就会停止自我安抚，我们会对此失望并"乱来"（act out）。事实上，这已经变成了一个术语——就像一个孩子发脾气那样，我们"乱来"了。这种在社交场合无法下调防御反应的情况，反映出了我们神经系统的失能，我们才会"乱来"。但一个更成熟的人——至少我们希望是这样——会通过理解这些系统来增长见识，还可以对此进行思考和驾驭，把自己转移到一个不那么严苛的环境中去。

大多数人对这种情况的反应是待在朋友身边，因为这让他们感觉更安全。但是，如果一个不是朋友的陌生人闯入了这样的环境，他们的神经系统可能立刻进入另一种状态并告诉他们："我得离开这里，我不相信这个人，我不安全。"

神经觉对威胁和安全的反应

布：你以前假设过患有另一种病症——边缘型人格障碍——的患者可能难以维持他们的"迷走神经刹车"。

波：是的，这又回到了神经觉和身体在环境风险评估中侦测结果的问题。边缘型人格障碍的人可能有一种非常保守的神经觉方案——我就这种可能性做个类比吧。

我们坐飞机旅行时要去机场过安检，接受运输安全局工作人员的查问。从功能上讲，一个有边缘型人格障碍的人，其神经系统的运作就像自带一位私人安检员一样，会通过检查他人来确定风险因素。跟安检员类似，他们的神经系统会判定目标"可以登机"或"不能登机"。如果安检员想百分之百确定飞机上没有恐怖分子，那谁都不要上飞机好了。在这个类比中，"飞机"就是边缘型人格障碍患者的身体，"安检员"就是神经觉。因此，和安检员确保飞机上没有恐怖分子的办法相似，边缘型人格障碍病患的神经系统不允许他们去信任他人：对他们来说这风险太大了，所以他们不允许任何人靠近自己。

现在我们来推测一下，边缘型人格障碍患者的神经觉设定在一个极低的阈限，时刻警告他们"如果任何人表现出任何特征，他们就别想靠近我，我得对他们做出反应，我得离开他们。"问题其实还是在于，环境中的信号触发了边缘型人格障碍患者的防御反应，却不会触发其他多数人的防御反应。

布：如果继续思考下去，它会把我们带向哪里？

波：首先，假设理解了这一点之后不再更进一步，我们就不会去研发任何干预措施了。如果我们理解了这一点并告知了患者和心理治疗师们，这本身就可以改变人做出反应的方式。一旦他们了解了自己的所作所为，基于自上而下的调节，就会发生一些特定的改变。

现在我先转移一下话题来多谈谈创伤，等一下再回来讨论边缘型人格障碍。我经常给治疗心理创伤的心理治疗师团体做讲座，并开始在讲座中传达这样一个主题：要注意理解和承认一点，即身体进入某些与创伤史相关的状态时，它的反应是很英勇的，在帮助和拯救我们。身体并没有让我们失败，它所做的一切都是为了帮我们活下来。

问题在于，当身体反射性地进入一种关乎生存的状态，如"关闭"状态时，我们很难从这个状态中走出来，去进入另一种促进社会参与的安全状态。重要的是要理解一点：功能性改变我们生理状态的身体反应并不是随意发生的。并且，在反射性地进入"关闭"状态时，我们可采取随意行动的范围就大幅缩减了。身体已经发生了变化，不一样了，它现在支持的是自我保护功能而不是社会参与的行为功能。

我鼓励心理治疗师跟他们的来访者谈谈身体为使他们活下去而做的一切义举。来访者们需要明白，活下来是最重要的——他们从那么可怕的经历中活了下来——现在他们应该像看待英雄一样看待自己。

有心理治疗师已经在实践中应用了这一点，他们和来访者谈过了，而我得到的反馈（经常是邮件）证实了这一方案的积极影响。来访者们传达了类似这样的想法："当我能够理解这一切，当我的个人叙事不再是一味责怪我的身体不能进行社交，而是开始对我身体为我所做的一切感到高兴时，事情突然就开始好转了。"

一些治疗采取暴露疗法来让来访者对创伤刺激脱敏，这种行为观点误解了来访者生理状态和防御状态的作用。因为来访者生理状态的影响，这些治疗可能非但不会抑制反应，反而会使他们对创伤性事件相关刺激更加敏感。我们需要通过自上而下的影响，用对身体的理解与尊重来下调防御系统，而不是让去防御系统去面对创伤信号。我们也需要认识到身体为我们做了怎样的好事并以此为傲，而不是为之感到尴尬。然后，对状态的个人叙事可能就会随着这些自上而下影响的施加而发生转变。这种策略与鼓励自我关怀的治疗方案是一致的。

我认为，如果将对人产生防御性反应的低阈限看作边缘型人格障碍的一种特征，那么在这些患者身上可能就发生了类似上面的情况。当然，如果纵观一位边缘型人格障碍患者的临床病史，我们经常能看到令人非常不愉快的过往。在临床病史中，我们经常会发现患者早期的创伤经历与边缘型人格障碍诊断之间的一致性，也许是创伤和受虐史刺激他们的神经系统进入了一种状态，在这种状态下，神经系统为了更具有适应性，表现得像一个随时念叨着"谁都不准上飞机"的安检员，这样他们才能活下来。现在他们能够理解这些反应背后的适应性防御功能，可以为自己活了下来而骄傲，并能在不对自己感到愤怒和失望的前提下看清自身的局限。

布：这让我想起了正在进行的共情研究。人们研究共情、自我关怀，发现这些对行为改变、抑郁和焦虑有很大的影响。我在想，你的解释会提供一种增强自我关怀的好办法，这也许会使大脑处于另一种完全不同的状态。

波：是的。我们其实是在谈论将包括大脑在内的神经系统置于安全状态。其实，我们可以把这个问题延伸一下，因为人们谈到共情时也经常会谈及正念，而正念的内涵就是身处安全状态。正念要求处于一种不受评价或不受判断的状态，只要我们处在这种安全状态，就很难调动防御系统。

人们处在防御状态——对自己感觉糟糕，生别人的气时，他们就在调动古老的神经结构。防御反应和受评判时的反应存在重叠，每当受到外来评判，我们就已经调动防御性的生理反应。边缘型人格障碍的症结可能就是一种长期受到评判的感觉，这种感觉增强了危险的神经觉。这些危险的感觉会导致人产生一种长期防御状态，而对他人的感知产生消极的偏差。

哺乳动物和爬行动物对新奇事件的反应对比

布：现在我想聊聊新奇事件。你说过哺乳动物和爬行动物在面对新奇事件的反应上存在着一个关键区别。哺乳动物会立刻投入注意力并针对事件互相交流，而爬行动物没那么大的反应。

波：哺乳动物喜欢新奇事物，但只限于在安全环境下。想想小狗、小猫或幼鼠。你看着它们，它们会玩耍，遇到新奇事物会离开母亲去靠近，但如果出现危险或可怕的东西，它们就会回到母亲身边。

这看起来可能很矛盾，因为大胆寻求新奇的个体同时也是以最有效方式返回安全区的人。这并不是说我们只是为了"寻求新奇"而寻求新奇。在现实生活中，那些大胆思考的人愿意去赌一把，他们在新奇的环境里并不缺乏安全感，因为他们有着强大的社会支持网络，并不觉得赌一把会带来生命威胁。

我们可以创造出支持理想化的哺乳动物模式而不是爬行动物模式的环境结构或社会结构。哺乳动物模式赋予他人力量，更像是一个共享的环境，且对他人有更多共情和关怀之心。爬行动物模式则会造成孤立，它不会激发勇气。

布：这对我来说很有意义，但有一种情况除外，就是那种过度追求新奇的人——渴望或需要持续处于危险之中的人。

波：是的，我刚才一边说一边也在想这个问题。我们创造出的这个模型让许多人做出了更好的行为，同时我们也看到了在极端情况下会出现的一些反社会等形式的异常行为。我想两者不同的地方可能在于，健康的行为涉及与他人的互动。

当一个人去蹦极以寻求新奇感，和朋友一起蹦极，在并肩跃下时看着彼此的脸，或者在另一个人的怀抱中坠落时，跟体验着无尽的孤独感，神经系统一直被刺激着动员化与努力不让自己进入非动员状态的体验是截然不同的。

布： 所以，撇开这类人不谈，那些有勇气寻求新奇的人，有着返回安全状态的最有效捷径。

波： 想想创伤的后果，不就是那些受过伤的人不再寻求新奇，也无法尽快找回安全感吗？

玩耍是一种神经练习

我们转换一下话题来谈谈玩耍吧，因为我认为对玩耍理解深一点儿可能会获得一些关于创伤后果的线索。玩耍不仅调动了社会参与系统，也调动了一些可能被视为防御系统的部分：我们做出动员化行为，但不会伤害彼此。我们将面对面交流的独特作用视为哺乳动物玩耍的一种决定性特征。在玩耍时，哺乳动物不断通过面部表情释放着安全和信赖的信号，无法保持面对面接触时就会使用声音信号，以此告诉其他个体自己是可以安全可相处的。我们在好几种哺乳动物身上都看到了这一点。

如果儿童在玩耍时不进行面对面接触，他们就有更高的受伤风险。我们可以在操场上看到这种情况，那里有些谁都不喜欢跟他们一起玩的孩子——这些孩子通常都有状态调节问题，在他人进行社会参与时，他们采取动员化反应并错过了社交互动的关键信号。通常这些动员化策略可能会让没有及时避开的同学受伤。这些儿童无意伤害他人——他们只是没有注意到他人的存在，没有读懂其他孩子发出的社会参与信号。

我们通过玩耍也许可以回到更理想的心理健康状态。玩耍同时涉及了动员化和动员化的抑制。与多层迷走神经理论中描述的层级关系一致，社会参与系统可以有效抑制动员化。

在我还是个学生的时候，大家一般认为玩耍的适应性功能是锻炼"战斗或逃跑"技能，老师也将其作为对幼小哺乳动物（如小猫）玩耍行为的解释教给我们。我们可以通过理解多层迷走神经理论中描述的自主神经状态层级来重塑解释。从这一角度来看，玩耍行为的主要适应性功能可能与发展狩猎或战斗技巧无关，而是与发展状态调节技能有关。玩耍在功能上是一种神经练习，使爱玩的哺乳动物毫无畏惧地在社会参与、动员化和非动员化三种多层迷走神经状态间自由切换。这种神经练习促进了生理状态之间的转换，这将提高心理韧性，使哺乳动物能够在他人靠近时没有恐惧地做出非动员化反应。

你如果去观察小猫小狗，就会发现它们在玩耍时总保持着面对面接触。它们在兄弟姐妹或一起玩耍的同伴身边有足够的安全感，不需要保持警惕就能入睡。玩耍的环境并不危险。从功能上看，它们是在用社会参与系统的面对面的互动来控制动员化倾向。如果用多层迷走神经理论的术语来解释，就是它们在用有髓鞘迷走神经来下调、控制交感神经系统的激活。

我们的文化将玩耍与不需要动员化的电子游戏混为一谈，也混淆了独自运动与社交游戏。运动基本不需要面对面，它模拟的是不需要社会参与系统资源就能支持战斗或逃跑的生理状态。

布：如果迷走神经张力负责在高压状态中调节身体，那么迷走神经有没有可能实际上是在伤害身体，特别是在创伤经历或破坏性事件中？

波："伤害"是一个复杂的概念。就像我之前说的，我想在多层迷走神经理论中囊括的一点就是，生理反应没有好坏之分，只会带来适应性的后果。

接着，我们要弄清楚的是这些适应性反应是否符合当前环境——这就去掉了我所说的将反应标记为好或坏的"道德外衣"，尤其是在这些反应主要由自主神经系统的状态改变所促成的时候。

人们通常认为，如果一个人的神经系统在经历创伤后不再具有社会性，那他就是出了问题。其实不然，他可以将这种神经系统上发生的变化视为一种具有适应性，为了让他免于被伤害、死亡或疼痛而实施的神奇策略。

被迷走神经伤害这个问题很有意思，因为在膈下迷走神经被调动来进行防御时，膈下器官的生理功能可能受到损害。具体来说，这经常表现为消化问题，还可能出现其他需要去看内科医生的症状。

经历过创伤的个体可能受到这一古老的迷走神经防御系统的强烈影响。如果去观察一下有创伤史的人的临床症状，我们会看到很多膈肌下方出现的问题，像是肥胖症、消化问题等形式的神经生理学问题。

布：我们再梳理一遍，你为什么说迷走神经可能参与其中？

波：过去，我们在对迷走神经进行概念化的过程中遗漏了一点，即更早演化出的、主要通向膈肌下方器官的无髓鞘迷走神经，可以作为一个防御系统做出反应。

　　你可以轻松理解昏厥和解离等非动员化行为对生存的影响，但你可能没想过调动这一系统给健康带来的后果。在动用非动员化进行防御、进入"关闭"状态时，膈下迷走神经的输出可能会破坏内稳态，使之要么进入过度激活状态要么进入静止状态。这将导致膈肌下方的器官出现一系列健康问题。我这么说吧，一些经常和创伤并发的身体健康症状，如肠易激综合征（irritable bowel syndrome）、纤维肌痛（fibromyalgia）、肥胖症和其他肠道问题，可能都涉及古老的膈下迷走神经的神经调节。

　　如果我们回溯 20 世纪 50 年代，当人们患上某些类型的胃病时，医生会采用迷走神经切断术。迷走神经切断术是一种外科手术，医生会切断迷走神经的膈下分支。迷走神经切断术是治疗消化性溃疡的一种医学手段，因为膈下分支关系到肠道内酸性分泌物的释放和调节。但现在，这种手术已经不常见了。

布：他们切除迷走神经，会对患者带来什么影响？

波：这种手术在处理临床症状方面真的没那么有效，而且据我所知，没有人研究过破坏肠道到大脑的神经反馈会给心理或生理方面造成的影响。

　　在这种手术中，医生不仅切断了运动神经通路，也切除了这一分支的感觉神经部分，还影响到了同样从膈下迷走神经接收神经输入信号的其他器官。

但要记住，医学模式就是这样，"这里有一个靶器官，如果这个器官功能失调，那就修复这个器官；如果这个器官反应过度，就阻断影响它的神经，通过药物来做到这一点"，只是他们之前想的是用手术来做而已。更开明的做法是理解这些系统的神经反馈，以此调控其在发挥适应性功能时的反应。

布：确实。虽然药物可能比直接切断迷走神经要更开明一点儿，我们真正该想的还是其原理到底是什么。

波：是的。在描述了我在 MRI 机器中的恐慌反应（参见第二章）后，我明白了，在神经系统某部分功能失调或遭抑制的时候，短期服药可能对人体在特定环境中的正常运作非常重要。

布：但 MRI 只需要每隔一段时间做一次。如果你说的情况是发生在电梯里，而你住在 25 楼且每天都要吃药才能去上班……

波：你所描述的是短期用药和长期用药的重要区别。虽然比起长期用药，我们更了解短期用药，但社会中大部分人还是认为长期用药也与短期用药的积极结果类似。举个例子，有些人会服用 β 受体阻滞剂来应对焦虑问题，比如公开演说或乘坐电梯。β 受体阻滞剂阻断了一部分交感神经系统，消除了支持动员化和过度警觉的适应性防御反应。但是，因为焦虑也是支持动员化和过度警觉的同一神经状态的产物，为了处理焦虑而服用 β 受体阻滞剂，能使以往因交感神经系统被激活而触发防御反应的人不再做出这种反应。

大多数人在就医时被开了这种药物，却没想到这种药可能阻断了他们神经系统一个重要的适应性功能。一旦服用 β 受体阻滞剂，我们就阻断了自己交感神经系统的一部分。那么长此以往，这种常用疗法会对健康和行为带来什么呢？

迷走神经与解离

布：你之前说过想谈谈迷走神经和解离风格。

波：这对我来说是一个新的探索领域。我们都是学生，努力去探索新领域，理解重要的问题。过去，我没有意识到解离状态如此普遍，还没有弄明白其过程，特别是在那些受过创伤的人身上发生的一切。

　　我开始从几个层面对解离过程进行概念化。在一个层面上，最初的解离由创伤所引发，且与系统发育上古老的适应性反应相关。基本上，古老的迷走神经回路会触发生物行为的"关闭"状态。

　　在你进入"关闭"状态时心率会减慢，虽然这种反应对爬行动物来说很管用，但对哺乳动物却更具挑战性，因为哺乳动物非常需要保证大脑的血氧含量，当哺乳动物的身体进入"关闭"状态时，送往大脑的含氧血液就会锐减，这将损害身体功能的运作，并可能导致意识丧失。

　　当这种情况发生时，我们的认知功能会发生什么变化呢？即使"关闭"反应不足以导致完全的意识丧失，也会改变我们的觉知，并大幅缩减认知资源。决策能力甚至是评估情况的能力都可能受到影响。这些特征与解离相一致。

　　现在的问题是，引发创伤的事件发生过后，还会对我们的神经系统产生什么样的残余影响？经历过创伤性事件的神经系统是否更容易进入解离状态？其进入解离状态的阈限是否有所改变？当然，对创伤幸存者和医生们来说真正的问题是，要怎么摆脱解离的倾向。

　　我们以前用的理论模型非常有限。历史上用来治疗创伤的都是行为模型——脱敏、想象（visualization），以及认知行为疗法模型，但我们没用过或没考虑过一种与味觉厌恶（taste aversion）非常相似的模型——单次试验条件反射模型，即用仅一次的暴露把某些事物相关联，以此触发我们的反应，使我们进入特定的生理状态。

　　我们应该想到，味觉厌恶依赖的也是膈下迷走神经这一古老的无髓鞘迷走神经通路，而非哺乳动物的有髓鞘膈上迷走神经通路。味觉厌恶产生的反胃反应，是在摄入受污染的食物后发挥的适应性功能。味觉厌恶与非动员化和解离类似，都试图将生命威胁和体内损伤降到最低。

　　我现在正在尝试搞清楚 20 世纪 40 年代和 20 世纪 50 年代对"单次试验学习"（single trial learning）这一概念的研究，看这能否帮我们更深入了解单次创伤性事件改变行为的过程，以及这些行为变得难以纠正的原因。味觉厌恶是单次试验学习的一个例子，它将一个事件与一个膈下迷走神经反应联系了起来。

　　我去调查动物单次试验学习研究中的发现，特别是与味觉厌恶范式有关的研究的发现。我也想了解用于扭转这一影响的方法以及它有多成功。我们也许能在研究资料中找到能让创伤幸存者的社交行为更具适应性的线索。这些线索将帮我们形成一种理解，即创伤的几种特征其实是膈下迷走神经在防御中做出适应性反应的结果。

这种创伤性事件与膈下反应之间的单次试验学习的联系储存在神经系统中的什么位置？神经系统会怎么处理这些记忆？这些问题还没有得到解答。

布：斯蒂芬，你是怎么想到这些的？

波：这些特征都是关于非动员化的，我想这就像迷走神经悖论一样，是关于特定术语的使用问题——不管我们用的是"迷走神经"还是"行为"，如果不能加以解构，我们能理解的部分就非常有限。当开始将这些术语解构为动态调控的过程时，我们就会发现这些组成开始变得可以理解了。

想想某些特定的学习形式吧！我们这些 20 世纪 60 年代末进入研究生院的人都期望心理学的理论模型是行为模型，并且能应用于身体变化过程，以此来控制内脏器官。这些模型也将用来控制手部和四肢的行为。

在 20 世纪 60 年代末和 20 世纪 70 年代初，科学家们犯了一个严重的错误，因为他们认为内脏的神经调节遵循着与"通过意识作用于行为以学习修正"同样的规律。一旦他们开始认识到它们的不同之处，意识到它们其实遵循着不同的"规律"，他们就对理解如何直接控制内脏器官不再有兴趣了。

生物反馈是一门尝试应用学习和条件反射理论来调整心脏等器官的神经调节并借此改善健康的学科。但是，研究生物反馈的学者们不再认为生物反馈能直接影响调节自主神经系统的神经通路，他们甚至都不再提及这个方面。他们把自己治疗的结果描述为健康和身体机能的改善的结果，而不是生物反馈直接造成的结果。

在对生理活动的生物反馈和操作性条件反射的早期研究中，研究员们试图解释如何在没有骨骼肌参与的情况下控制由平滑肌和心肌组成的内脏器官。随意运动用到了骨骼肌，间接影响了自主神经状态。20 世纪 70 年代初的一大科学问题就是操作性学习原则能否在没有骨骼肌参与的情况下影响到心脏。大脑能通过学习范式直接控制心脏吗？虽然科学家们最初得到的结果让人感到很有希望，但这些结果是不可重复的。这些负面结果的信度证实了早期的观点，即由自主神经系统控制的器官不能通过操作性学习策略来控制，而这些策略在使用骨骼肌的行为上才有效。遗憾的是，我们再也没有试图去理解能影响内脏器官调节的学习规律了。

研究内脏反应不随意性质的科学基础对我们理解创伤的影响、解释单一创伤性事件如何在功能上"重新调整"自主神经系统至关重要。创伤是适应性反应的一个深刻样例，在我们开始讨论 PTSD 等检查表定义的临床诊断时，这一点经常被忽略。一些诊断为 PTSD 的患者从未经历过"关闭"反应，但另外一些没有被诊断的人却经历过。这些观察结果表明，对创伤性事件的一些反应表现为高度动员化、具有防御性、高度紧张，而另一些反应则完全表现为非动员化。

为了明确诊断，我认为我们需要理解调控这些不同反应的机制，强调诊断不能基于事件本身，而要基于对事件的反应。

布：那是什么样的？

波：就我而言，我想看看对创伤的非动员化状态、解离或昏厥反应这个子类别与其他子类别的区别。

布：你谈到过单次试验方法。

波：对，那是引发创伤的单一事件，不是众多事件的累积。我认为对单一事件创伤反应的机制与形成复杂创伤的反复受虐的累积效应是不一样的。从科学的角度来看，研究单一事件创伤的机制要更容易一些，研究者甚至有可能借此创建一个动物模型，帮助理解和治疗人类的创伤。

单一事件模型需要我们问来访者不同的问题。我认为我们需要非常详细的临床病史——比起描述事件，我们更需要来访者描述他们的反应和感受；获得更多关于他们个人经历、行为和感受的信息——来访者是否昏厥、是否解离、是否出现了幻觉、在受虐期间和之后发生了什么……这些都很关键。然后，我们才可以开始开发干预模型，让神经系统摆脱防御状态。

我自己的方案，或者最初的但可能并不正确的方案是，只要通过调整发声韵律或处在安全环境来让自己拥有社会参与系统的功能，你就可能让对方脱离防御性的非动员化状态。我们持有有髓鞘迷走神经的社会参与系统——面部表情、声音、利用韵律特征的能力和聆听有韵律发声的能力——使我们能够改变自身和他人的生理状态。从功能上讲，社会参与系统为干预和治疗开放了途径。

如果我们能改变生理状态，使之不陷入"关闭"状态，那我觉得我们就可以让人从这一状态中摆脱出来了。最成功的创伤治疗师会让他们的来访者在安全的状态下进行适应和探索。带着安全感适应和探索环境，来访者就不会再依赖防御系统来进入"关闭"状态或动员化了。

单次试验学习

布：说起单次试验学习，再跟我们讲讲你认为那可能是什么样的吧。

波：最常见的单次试验学习例子是化疗或放疗与味觉厌恶之间的联系。患者会对化疗或放疗前吃的食物变得非常反感，以至于治疗之后很久都还会因这些食物而感到恶心。注意，恶心这一过程是与无髓鞘迷走神经的参与是有关的。

现在的问题是科学家用了什么办法来帮助人们摆脱这种反应。

我基本可以这么说，在对创伤的单次"关闭"反应中，一个人在创伤性事件发生前一切正常，在事后却无法现身公共场合、开始有下腹部肠胃问题、无法应对他人的靠近、对低频音过度敏感，甚至可能出现纤维肌痛和血压不稳定的症状。

有这些症状的人给我们提供了理解个中机制的窗口，我们从中得到了有关这些机制的提示，因为一些症状是由古老的无髓鞘膈下迷走神经介导而出现的。这些特征反映了无髓鞘迷走神经参与防御的大量迷走神经反应。

　　我要指出一点，如果这些古老的迷走神经被调动来参与防御以应对创伤性事件，功能上就会表现得像一个单次试验学习。一旦无髓鞘迷走神经被调动以进行防御，个体的神经调节会改变，以一种抗拒调节、抗拒自然回归到之前内稳态的方式进行重组。因此，创伤反应似乎和味觉厌恶模式非常相似。希望这些推测能带我们更深入地去解析对创伤的非动员化反应机制。

布：我喜欢你向另一个方向探索的方式，我也会在接下来的研究生涯中接续下去。

波：这真的是一段相当美妙的探索之旅——这就是生活的意义。我提过一个关于勇气和良好社会关系的概念——身未行，心不至。

　　我会一直关注这些问题，很高兴你也将加入进来。我真正感兴趣的是，我们生活的世界如此关注认知功能，却未能将认知与身体体验结合起来，从而产生了一种占据了每个人日常生活大部分的解离状态。

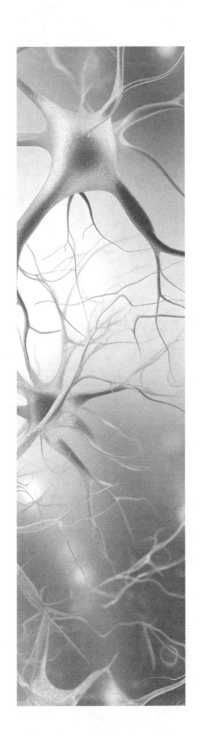

第五章

安全信号、健康与多层迷走神经理论

斯蒂芬·W.波格斯与露特·布琴斯基

迷走神经与多层迷走神经理论

布：我们来回顾一下，首先说说迷走神经及其在大脑和身体里的功能吧。

波：迷走神经是副交感神经系统的主要神经，主要起连接大脑和身体的作用。

其实，达尔文在他一本关于人类与动物情绪的书中描述过迷走神经——他称之为"肺胃神经"（pneumogastric nerve）——一种连接身体中大脑和心脏两个最重要器官的重要神经（Darwin, 1872）。迷走神经从大脑发出，是一种直通心脏和其他内脏的脑神经。

迷走神经参与了包括心脏和肠胃在内的内脏器官生理过程的调节，其双向功能极其重要，却经常被我们忽视。迷走神经不只从大脑向内脏输送信号，也从内脏传输信号回大脑，它同时参与了自上而下和自下而上的功能。

迷走神经中 80% 的神经纤维是感觉纤维。现在，既然我们对脑-身和心-身的关系这么感兴趣，迷走神经就是一个主要的神经切入点。

布：你的理论并不叫"迷走神经理论"，而是"多层迷走神经理论"。跟我们详细说说吧！

波：先有一个非常成熟的神经生物学基础，然后才会形成理论。神经生物学中有一个非常重要的事实：哺乳动物的迷走神经包括两条功能不同的运动通路，它们是在脊椎动物演化的不同时期发展出来的。这一点极其重要，因为这两条运动通路的作用大相径庭。这些不同的迷走神经通路起自脑干上两个不同的区域，一个区域（即疑核）关联着用于摄食和听力的肌肉、与他人互动的肌肉等所有面肌的调节。我们的社会化神经系统与这个新演化的迷走神经密切相关——呼吸也是。

布：这种迷走神经是新的？

波：对，新演化的，是跟哺乳动物一起演化出来的。我们得记住，哺乳动物是非常特别的脊椎动物，它们需要其他哺乳动物来帮助调节身体状态并生存下去。这就是我们接下来要进入的主题。创伤破坏了与他人建立联结的能力，以及用社会化行为来调节迷走神经功能、让我们平静下来的能力。

另一种迷走神经是膈下迷走神经，通向膈肌下方，是我们和爬行动物甚至鱼类等其他脊椎动物都有的。这两种迷走神经回路与交感神经系统协调工作，就能优化我们的生理过程和健康状态，但它们也会对世界做出反应——我们用这些神经对社会挑战进行防御或回应。

现在稍微转移一下话题。我们大多数人都了解自主神经系统，知道交感神经系统的存在，知道它支持攻击性驱动力，比如战斗或逃跑，也知道它会参与和压力相关的反应。我们知道副交感神经系统的迷走神经支持着健康、成长和恢复功能，副交感神经系统和交感神经系统总是在互相抗争。这些概括只能说部分正确，不全对。

我们需要以不同的方式来思考自主神经系统被调动去应对外界挑战的方式。如果我们在安全的环境下和彼此交谈，这里不存在危险，我们也就没有理由刺激交感神经系统去支持战斗或逃跑。

身处安全环境并不意味着我们应该关闭交感神经系

统。即使在战斗或逃跑反应的需求之外，我们也是需要这个系统的。交感神经系统对我们很重要：它能促进血液流动，让我们感受警觉和自信。然而，我们不会用交感神经系统来调动积极的社交行为，如果这么做了，我们就可能转入防御状态。如果转入这种防御性的交感神经状态，我们对他人意图的神经觉可能就会出现偏差，并对他人的意图产生更消极的解读。就正常的社交行为而言，我们更想用新近的迷走神经来优化社会参与行为，控制自主神经不转入防御状态。

现在，我们需要讨论一下多层迷走神经理论的理论部分。理论提出了一个神经回路对外界做出反应的层级关系，并指出，与大脑中新演化的神经回路对古老的神经回路进行抑制的功能相似，在调节内脏的神经回路中，新回路也会抑制老回路（参见"退化"）。

基于我们对自主神经系统在演化中变化的了解，哺乳动物身上最古老的系统是无髓鞘膈下迷走神经，其如果被调动以进行防御，就会触发"关闭"反应，就像很多爬行动物的防御策略一样。爬行动物会通过僵化或非动员化来减少代谢活动：它们可以在水下几个小时不呼吸。

自主神经系统演化的下一阶段就是支持战斗或逃跑行为的脊髓交感神经系统的出现。

随着哺乳动物的演化，一种新的结合社交行为与生理状态调节的神经回路出现了。这一新的迷走神经系统使哺乳动物能彼此进行社交互动，基本能使社交行为表现得宜，且在功能上保护了自主神经系统维持内稳态功能的部分。

新的哺乳动物迷走神经系统运作良好时，膈下交感神经和副交感神经系统就会在内稳态下和谐共舞，反映出自主神经平衡的好处。

在我跟一些收治过有创伤史病患的医生的交谈中，他们报告说很多来访者都有消化问题——肠胃不适或便秘。多层迷走神经理论指出，这种膈下迷走神经回路的失调是因为该回路被调动去进行防御了，从而破坏了其支持内稳态的作用。

人们处于"战斗或逃跑"状态、恐惧情绪或危险状态中时，膈下区域的神经调节是受抑制的。当他们在战斗、逃跑或应激行为中高度动员化，交感神经高度兴奋，迷走神经两大分支的功能都会被下调。但是，多层迷走神经理论指出，为了应对生命威胁，膈上迷走神经和交感神经系统都会被抑制，使膈下迷走神经被调动以进行防御，而这一古老防御系统被调用的结果就是非动员化、使人失去生命体征，血压的反射性转变会引发昏迷，背侧迷走神经输出激增会引发排便。基于这一理论，我们能看出这些不同神经回路支持着哺乳动物不同范围的行为——当然，人类也不例外。

心-身联系如何影响医疗现状

我们生活在一个以医学为导向的世界，认为各个器官可以被分开单独治疗，而不是将之视为综合和互动的自主神经系统的一部分。

我们可以把这个问题说得很哲学，但我还是想立足实际来谈。在过去15年里，我一直都在作为医学院教授参与医学教育，基于这个身份的视角，我注意到医生们对神经系统在调节他们治疗的器官方面的作用并不是很了解。

在使用"神经系统"这一术语时，我们已经在隐晦地描述一个在大脑和身体之间存在联系的系统了。我们的自主神经系统并不是只存在于颈部以下，中枢神经系统也不是只存在于头部，我们的神经系统会随时解读身体、根据身体传来的反馈改变大脑。当然，大脑也可以向下调节身体的活动，不管是看得见的动作还是看不见的内脏功能。

我们可以来谈谈周围症状。我们可以将症状分为发生在膈肌上方的膈上症状和发生在膈肌下方的膈下症状两类。高度焦虑的人可能疾病缠身，表现出交感神经系统作为防御系统时的症状。只有抑制住或在功能上消除膈上迷走神经的作用，交感神经系统才能有效用于防御。有趣的是，我们见过一些临床症状，像是高血压、心血管疾病，还有其他膈上器官自主神经障碍，都与膈上迷走神经的低张力和交感神经系统的被激活有关。

受过创伤和长期受虐待的幸存者调用膈下迷走神经系统进行防御，可能就发生在解离状态期间。膈下迷走神经被调动以进行防御时，可能出现一系列不同的临床疾病。来访者可能出现纤维肌痛、消化和肠道问题，难以进行和享受性生活，即使他们有这方面的欲望。我们在女性身上发现了这一点，她们可能会在性爱时排便，因为膈下迷走神经可能做出了防御反应。

医学界认为，内脏器官的一些临床症状可能与它们的神经调节紊乱有关，但很少有医生能充分认识到神经系统对内脏功能的作用，而认识到这一点也许能改善我们对疾病的理解和治疗。

　　如果在理解导致临床疾病的机制时，缺少像神经调节这样的组织原则，那么诊断结果可能会让患者感觉失控和绝望。多层迷走神经理论的一个重要部分就是告诉幸存者们，他们不是软弱的受害者，他们身上的症状只是神经控制系统为了帮助他们适应并活下来而采取行动的功能性产物而已。

创伤与信任的破坏

布：你提到过，创伤对信任或对安全感的破坏一直都有着深刻影响。

波：如果一个人在一段关系中被伤了心，避免再受伤最好的办法是什么？就是不再信任任何人。这也就是社会参与系统的意义——给他人传送安全信号，让他们可以靠近。社会参与系统会触发神经觉，让对方感到舒服。

　　如果对方本来感觉舒服，后来受到了伤害，社会参与系统就会被下调：它将被调整到在情绪上和身体上不允许任何人靠近的状态。在关系中受过严重情感创伤的人很难建立新的关系，即使在认知层面上建立一段关系可能是非常重要的事项。他们可能极度渴望人际关系，但他们的身体不允许。

我试过对创伤幸存者解释他们身体的所作所为。他们似乎普遍有一种隐隐约约的感觉，那就是他们的身体做了什么非常糟糕的事。他们需要知道，这些身体反应策略可能是保护性的，是为了救他们的命而存在的，通过非动员化和解离等非反击的方式，将他们受到的伤痛降到最低。非动员化可能非常具有适应性，因为它可能不会再激起对方额外的攻击。

通过非动员化和解离实现的适应性生存功能有好几种。问题是，你的个人叙事要怎么解释这些非动员化行为？你要怎么用这些信息看待自己？你现在是将自己视为一个可怜的受害者呢，还是一位勇敢的英雄呢？

我收到过一位快70岁女士的邮件，她描述了自己的经历：在她少女时期，曾经有个人试图勒死并强奸她，许多年过去了，她把这事告诉了女儿，女儿问道："你为什么不反击呢？为什么不做点儿什么呢？"这位母亲很尴尬，感觉很羞愧。然后她说："我读过了您的多层迷走神经理论，突然就感觉我并没有什么错，现在我泪如雨下。"

　　读这封邮件时我也流泪了。关键是她理解了，她身体的非动员化行为是有保护性质的，她发自内心地为自己的身体反应为傲，她的身体反应非常具有英雄气概，她不是一个软弱的受害者。

　　我们忘记了一些身体反应是反射性的，而不是随意的，在生命威胁面前非动员化是一种很多哺乳类物种共有的"反射性"反应。我们的社会认为那些没有反击或没能有效采取动员化行为的人都有什么问题；相反，一个通晓多层迷走神经理论的社会会说："这真的是你能做出的最好的神经生理适应性反应了，幸亏你的身体替你做了这个决定。如果你进行了战斗，你可能已经死了。"

　　这都是关于我们解释自身行为——构建个人叙事的方式。

布：是的，这也给了我们这些参加网络研讨会的心理健康工作者一个生物学上的解释，我们多年来一直在跟患者解释："你已经用你所知道的最好方式活了下来。"也许这样能帮他们真正感受到有人理解他们，或者像你说的，他们并没有什么错。也许他们可以为之庆祝，或对自己的勇气肃然起敬。

波： 是的，这都是关于理解的问题，如果我们在文化环境表示
"这样不好"时背上了道德包袱，就会对自己说"我确实
不好"。如果丢掉这一道德包袱，理解我们的神经生物性
的适应反应，我们就会开始看到自身反应的好处。

神经觉的工作方式

在威胁性事件面前产生神经生物性上的适应性反应
的这一观点，对我们构建创伤概念有着深刻的影响。在
功能上，我们的神经系统会持续在意识觉知范围外评估
风险，并反射性地改变生理状态来优化行为类别——社
会参与、"战斗或逃跑"或"关闭"反应。从某种意义上
说，神经系统正在试图进入一种能够支持最具适应性，
或者至少神经系统判定为最具适应性行为的状态，我称
呼这一过程为"神经觉"。有时这些适应性反应来得猝
不及防，我们毫无准备，比如在 MRI 机器等封闭空间中
突发恐慌、在受到训斥时感到头晕，或者在发表演说时
昏倒。

有时候，我们的神经觉也会出错，神经系统会在没

有风险时侦测到风险，或者在有风险时判定为安全。

有人在公开演讲的时候晕倒，这其实并不是他们真的太过紧张——他们只是"嗖"的一下就昏过去了。昏厥，在临床上被称作血管迷走神经性昏厥，由血压的急剧下降导致输送到大脑的含氧血量不足引起。这一反应经常因为神经觉侦测到生命威胁信号而出现。一旦发生这种神经生理性反应，有意识的大脑就会试图让这一系列事件具有意义，构建一套合理的个人叙事。这样的个人叙事的重点是自尊，但反应的起因可能跟自尊没有任何关系：它可能只是由所处环境中封闭或孤立等其他因素引发的。

在 MRI 机器的密闭空间里做临床扫描时，我就产生过恐慌反应（参见第二章）。在我的身体进入防御状态时，我非常惊讶且震惊。我不喜欢封闭空间，但也没想到进入 MRI 机器会触发恐慌状态。我经常身处一些相对密闭的空间里。我经常坐飞机，不喜欢中间的位置，虽然我可以忍受坐在那里。而且，大多数人都不喜欢那个位置。基于我十多年对自身身体反应的了解，我的反应完全是出乎意料的。

哺乳动物都不喜欢被迫禁闭。在哺乳类物种中，最强的应激源似乎是孤立和约束。想想我们世界里的这两种应激源，也从医药和我们在护理中对人所做之事方面想想它们的意义。

布：是的。我想，通过你的近期经历，你已经近距离看到这一点了。

波：对，这就是我现在要跟你分享的东西。去年4月我被诊断出了前列腺癌，我无法选择什么都不做，我对医生是这么说的，但他们不喜欢我的提议。活检显示了一些侵略性很强的癌组织，所以他们给了我两种选择：做宽束放疗（broad-beam radiation），或者是做根治性前列腺切除术（radical prostatectomy）。

这里牵涉到几件事。首先，我现在已经痊愈了。我想说的是，在你收到诊断时，即使你已经完全知情，你的身体也可能会开始进入"关闭"状态。我一直关注着诊断后我的身体反应，并在腿部感觉到了这一点。很多听众会明白我的意思，我正在进入"关闭"状态，而我知道这不是一件好事。

即使我知道医疗诊断可能存在不确定性，并且治疗的不确定性可能造成巨大损害，我们也不知道自己的身体会作何反应。不管我们对疾病本身、治疗方法和康复的可能性知晓多少，不确定性总是存在。

我制订了一个策略来应对这种存在生命威胁的诊断。我做的第一件事就是把手术推迟到了 8 月。很多收到诊断的人都等不及马上开始治疗，就算是在癌症发展得很慢的情况下——推迟治疗会让他们心急如焚。

我把手术推迟到 8 月有两个原因：第一，我必须取消几场行程，这对我来说非常困难，因为和诊断结果给我带来的困扰相比，取消行程会让我更苦恼。我必须在日程表上留出三个月的时间给手术和术后恢复——我以前从来没做过这种事，但我做到了。第二，我想手术前保持良好的身体状态，以增强术后恢复能力。我开始锻炼，体重减轻了九斤，并增强了体质。

在手术之前，我继续开展讲座和研讨会。这些与他人互动的机会成了我与他人进行联结的桥梁，我将演说当作治疗自己的方法。我得开展大概八到十场讲座，其中两场要去欧洲。在这个系列讲座结束时，我感觉已经与世界联结起来了。非常好，我已经准备好做手术了。我感觉就算生命将要终结也没关系了，因为我已经体验了联结感，我爱我的家人，我的人生很美好。这真是一段相当有趣的经历，没多少压力，也没有恐慌的感觉。

我还在手术前听了两周引导性想象磁带。

我做手术的地方离家三千多米，我可以从家里办公室的窗户直接看到那家医院。从某种意义上说，我的周围都是朋友。在去医院做手术时，我精神饱满，心态积极乐观。

躺在手术台上时，我和麻醉师聊了一会儿，对他说："你知道的，你的职责就是让我在这期间活下来。"

布：完全没有压力！

波：对，但助理护士说："不，这是我们所有人的职责。"我问了麻醉师我的心率，是65。早上七点半还是八点的时候，他们就要给我开刀了。我在术前没有服用任何药物，是完全放松的。手术持续了大概五个小时，术后除了第一天手术造成的疼痛和不适外，我都没怎么感到疼或不舒服。我真的很好。

这期间发生了两个过程：第一，我将手术视为有帮助的而不是痛苦的；第二则是没有了恐慌和对死亡的恐惧。这些过程促进了我对自己作为一个人类的重新认识，我从这次演说与互动之旅中了解到生命真正的价值是与他人的联结。我真的感觉很好……这就是我的个人故事。

布：看到你康复真好。谢谢你的故事——有时候我们对创伤的定义是受限的，我们将其视为战争、车祸、性侵犯、性骚扰或被殴打期间发生的事，但创伤不止这些。事实上，我认为对参加网络研讨会的医生和护士来说，重要的是他们能否在治疗比如曾经得过或刚听到诊断结果，抑或即将要进行手术的患者时多想一下，思考一下患者的感受。

不确定性与联结的生物必要性

波：我们很多人的生活经历都与不确定性问题有关，这属于与他人联结断开的一部分。我开始使用其他人在生物学里用的但对我来说是个新术语的术语——生物必要性。人类主要的生物必要性是什么？就是与其他人类相联结。

　　在做手术等医疗程序中，我们忘记了自己不是汽车那样的机器，治疗我们的人也不是汽车维修人员。我们不像汽车一样替换或修理部件就能好——人类器官跟汽车零件无法等同。我们不是机器，我们是一个在动态相互作用的活的生物系统中。我们接触某物的时候，也是在接触我们自己内部的一切，接触我们与之互动的人。医疗界的医生需要与他们治疗的人有更多的联结。

正如我们所见，医药行业正在变得越来越按手册行事：对患者的治疗不灵活，也不怎么考虑患者的个别情况，甚至在精神病科也是如此。从医疗记录开始——你走进一位医生的办公室，医生会侧身看向电脑屏幕而不是你这个患者，他的注意力都集中在电脑上并开始打字，而不是开始和患者面对面交流，来让对方感觉安全。

对我来说，我很感谢北卡罗来纳大学（University of North Carolina）医疗系统为我提供的治疗，那里的人优秀又亲切，我感觉和那个群体有很好的联结。我曾住在芝加哥，那里有着很好的医疗服务，但在就医时我却没有受邀融入一个群体的感觉，治疗更是冷冰冰的，只是一个高效的、去个人化的"进出"医疗机构的过程。

我在芝加哥还有教授、医生、商务人士的朋友，他们去就医时都是独自一人，可能在接受治疗前都没见过或与他们的医生交谈过。但融入一个群体的感觉真的很棒——事前见一见为我治疗的人，真的很好。

多层迷走神经理论中的创伤与依恋

布：我们来继续讨论参与和联结的话题吧，这个话题真的很重要。多层迷走神经理论提到过创伤与依恋之间的关系吗？

波：有的。如果创伤损害了从与他人相处中感觉安全的能力，那么依恋所依赖的根基就会破裂。我想可以这么表述：如果人有良好的、基本的依恋发展根基，那么他们就能获得应对创伤的缓冲能力。

我不知道是否有人研究过，但人们已经开始注意生活模式了。我们看到了从小就认识的人的成长，他们中有些人已经不在了，但我们看到了他们生活的模式。我们在一段时间，比如五六十年之后去看，就会发现很了不起的事：他们仍在使用孩童时期用的一些策略，不管他们是否对自己的行为知情，也不管他们能否对其重塑或重组。

我开始发现并认识到，我们真正需要做的是让自己了解可能发生在自己身上的破坏性事件——不是愤怒或抱怨，而是尝试理解我们身体为了适应和生存而采取的策略，然后我们才能评价这些是否真的是好策略。

这一切都可以折回到我们可以称之为"个人叙事"，以及我们使用个人叙事的目的这个问题上：是调整自身行为而成为一个更能共情、更有爱心、更成功的人，还是变得更束手束脚、更有攻击性且更以自我为中心。在某些时候，这会成为我们的选择——如果我们对此有更多的认识，我们就可以制订让自己感觉更安全的策略。

布：但不一定是以感觉安全来制订策略吧？

波：你点出了很重要的一点，因为改变自己的这个决策并不是随意的，虽然尝试制订一套策略或发展出一套必要的神经回路来变得更灵活和更安全确实是一个随意决策。

我们来深挖一下这个观点。想象一下我们受人驱使着——我们是学校的教授，成天填资金申请表、写论文，没时间跟任何人说话，我们得申请到下一份拨款，然后心脏病发作了——这一点儿都不奇怪！

然后一些事情发生了：我们开始认识到大脑和身体之间是有神经连接的。随着我们更多地理解自主神经系统如何调节内脏功能，我们意识到自己经常实施着一种适应不良的策略，切断了来自身体的反馈。

如果多加思考，我们就会意识到这正在限制我们的生活体验。我们能恢复吗？我们能构筑一些神经回路来让自己的生活更丰富、更社会化吗？这实际上涉及了创伤治疗或创伤疗法的概念，而答案是有办法做到。

如果不考虑情境，单从神经生物学角度来看，我们就会开始说："如果有有髓鞘迷走神经的新社会参与系统加入进来，降低我变得好斗、防御或愤怒的自然倾向，那就太好了。我开始明白，这些防御行为是一种阻止我做出"关闭"反应的适应性功能，因为我曾经陷入过'关闭'状态。"

从某种意义上来说，我们创造了一个完整的层级关系。假设我有过"关闭"经历好了：在小时候受过拘禁和虐待后，我的适应性行为是不停地运动。只要不停地运动，我就不会进入"关闭"状态。但如果不停地运动，我就无法与他人联结——我不能享乐，不能创建关系——而我真的很想要与他人建立关系。

我们会明白，身体里存在着一个与社会参与系统和有髓鞘迷走神经有关的，能够关闭或下调这一动员式防御系统的生物机制。我们可以做一个非常简单却影响深刻的练习，比如呼吸：学习不同的呼吸方式会很有帮助，因为缓慢而深的呼气能够通过刺激迷走神经抑制交感神经系统来让我们平静下来。如果我们在慢慢呼气时发声，那就是在唱歌。吹奏管乐器的本质是什么？依赖的是缓慢的呼气。长篇大论而不喘气呢？我们在一边发声，一边缓慢地呼气。我们可以通过社交行为，通过演奏音乐甚至听音乐来有效调节我们的生理状态。这些行为会通过神经反馈回路改变我们的迷走神经对心脏的调节，通过影响我们的听力（如通过中耳肌）和表达积极感情的能力（如通过面部表情和发声韵律）来影响整个社会参与系统。

唱歌和聆听如何使我们平静

布：我明白唱歌为什么是一种缓慢的呼气，但聆听怎么也是一种缓慢的呼气呢？

波：聆听非常特别。聆听是一个能激活整个社会参与系统的途径。

还记得你是怎么跟你的狗狗、你的孩子或你的朋友说话的吧。如果你用有韵律的声音说话，这些带有调节语调的发声特征就会在神经系统中触发安全的神经觉。

改变生理状态可以通过呼吸，也可以通过聆听。

我们之前已经讨论过一些音乐类型，某些类型的音乐确实可以激发安全感。我记得我们之前在一次线上研讨会中谈到了约翰尼·马西斯（参见第二章）。最近，我在看一部关于哈里·尼尔森（Harry Nilsson）[①]的纪录片，他有着一副漂亮的男高音嗓子。他并不是最能让人感受到安全的人，但他的声音实在优美动听，他写的歌也带有并且能创造让人放松的力量。这是因为我们的神经系统发生了演化，将这些音乐的调变作了安全信号。

当我们清楚了发声作为安全信号的重要性，就可以创造一个让人们感觉更安全的环境。"感觉安全"就是一种治疗——这是一种神经练习。

布：你刚才说的非常重要："感觉安全"就是一种治疗。不管你的职业是什么，是心理健康工作者还是帮助身体重症患者的医生，这都可以是一种组织你的思考的方式。

波：这是个很强有力的概念。我在一次讲座中提到，我们的神经系统对安全的解释或定义与法律或文化标准是大相径庭的。例如，从法律角度上看，让校长带着枪到处走动，可能是一种保证学校安全的办法，但这种环境绝对是神经系统不喜欢的。我们的身体会侦测安全特征和危险特征，而我们要明白这一点。

我们也需要记住，我们生活在这样一个文化环境里，

---

① 1941—1994，美国音乐家，歌手，词曲创作人，纽约都会派音乐家代表人物。

人们认为"重要的不是我说话的方式，而是我说的内容"；但我们的神经系统却有着不同的意见，它表示"重要的不是你说的内容，而是你说话的方式"。

布： 回到音乐的整体概念：一个心理健康方面的从业者，要怎么将音乐整合进对经历过创伤的人的治疗中？

波： 在考虑整合什么东西进去之前，我们得首先想想要从声学环境中移除什么。

低频音是神经觉判定为危险和生命威胁的强烈信号。我们不想自己的神经系统为危险和生命威胁过度警觉。

首先，我们希望我们的治疗室、咨询室是安静的，不要有电梯、通风系统和交通产生的低频音。我们不希望这些房间靠近电梯、休息室或嘈杂的走廊。我们希望房间安静，是因为神经系统会探测到这些低频音并将其判定为厄运将至——好像有什么坏事要发生一样。

古典交响乐作曲家们知道这一点。他们在第一乐章使用摇篮曲——小提琴的声音、母亲的声音——来让听众放松下来。一旦听众在这些引入曲里感受到了安全，作曲家就会把旋律移到低音高乐器上，直到听众再次对这些声音感觉安全。在许多作品中，第一乐章都是让人感觉轻松安全的，旋律由管弦乐团全音域共同演奏。但是，第二乐章带给人的体验往往非常不同。第二乐章的特点通常是仿佛厄难将至的声音——低频的单音调。古典乐作曲家们清楚声学刺激对身体状态和感受的深刻影响，这两者都是我们在生理学上可观测到的。他们用音乐创造了他们自己的场景——他们自己的叙事。

临床治疗师也可以培养出消除对来访者们来说意味着灾难的低频音的这种直觉，然后让来访者听声乐，特别是女声声乐，以此来帮助他们放松并刺激社会参与系统。

特定频段内的声学刺激可以有非常强的安抚和镇静作用。你还记得 20 世纪 60 年代的音乐吗？那时的民歌也是很有韵律的。最近刚去世的皮特·西格（Pete Seeger）①是这场唱歌运动社会变革的先锋。本来庄重严肃的歌曲被改编成了轻松欢快的音乐后，就变得朗朗上口了。听这些歌会让人感觉很舒服。民歌传统就是以这种不会吓到人们的方式传达重要信息。

音乐可以用在临床环境里。对医生来说，最重要的是避免低频音，要使用有韵律的声音说话。如果一个人

① 1919—2014 年，美国民歌歌唱家、社会活动家，以歌唱世界大同、和平、爱情主题的歌曲闻名，有"美国民歌复兴运动之父"的称号。

转移了视线或转身避开，不要强迫他进行眼神接触——他已经非常害怕了。如果他移开视线，那可能就是害怕。处在恐惧状态时，人们会对直视感到不舒服，虽然他在感觉好些之后就会自发地转向你。

布： 如果你是一位医生，但你无法控制建筑物里的通风系统或你们离交通噪声的距离这些因素，你有什么建议？

波： 我建议另找一间办公室，那会是我的第一选择。

布： 但你可能是在医院上班，或者……

波： 我认为我们没有花足够的时间思考我们提供服务的环境的物理特性。房间本身就有治疗的作用，如果我们接待患者的地方满是影响神经系统的、强烈且明确的声音刺激，这就会干扰我们提供服务的能力。

有时候，医生们会用一种白噪声生成器来掩盖这些杂音——这经常没什么用，仅仅是增加了神经系统要处理的背景信息而已。在这种环境下的人可能会显得很亢奋，但在安静的环境里他们反而可能会开始平静下来。

我与建筑师讨论过几次，甚至还在一些建筑学会议上谈过为受伤士兵设计空间的概念。概念不仅聚焦于美学，还指出要具有治疗作用。建筑师们通常更关注外观，在医疗环境下则更关注清洁度和对患者的监护能力。如果你要设计一所医院，你会想要能够监护患者的健康状况，并确保这片空间的清洁。然而，我对监护功能和空间美学不太感兴趣，我更感兴趣的是空间吸收声音的能力和空间让身体产生的感受。

所以，关于你刚才提的"能做什么"的问题——大多数办公室的墙壁和地面都是硬面，声音会在这些表面上反射，形成的经常就是嘈杂的工作环境。这些表面可以通过挂壁挂和铺地毯等方法加以调整，壁挂和地毯都是吸声的，可以让房间感觉安全又舒适。这些举措对一些医生来说可能是不错的投资。

通过练习激活社会参与系统

布：对于那些可能在一些传统疗法上有困难的人来说，有没有办法在不需要面对面的情况下就可以激活社会参与系统呢？

波：有的。这是个非常好的问题。这个问题我思考了很多年，这也是我提出使用声学刺激的原因。我不喜欢侵入性治疗——这是我的偏好。我非常尊重个人，我希望我的来访者都能自发参与，如果他们自发地参与，我也好做出回应。

我投入于互惠性和互惠性互动的理论化——我将互惠性互动概念化为一种神经练习。如果一个人没有参与进来，你可以用有韵律的声音来刺激自发的参与行为。发声韵律的使用也是声乐的特征，听听声乐是有益的。

我给你举个例子吧。我的一位医生朋友要在一场有几百人出席的会议上介绍我。我一直认为她活力四射，却没有注意到她对公开演说有很严重的焦虑。她在会议前一晚的派对上告诉我，她对要在一大群观众面前介绍我感觉相当紧张。很有意思吧，派对上喝上一两杯就能让人把这种话说出来。我告诉她不要担心，"我会解决的"。

演讲定在第二天早上 9:00 开始。第二天早上 8:50，她对我说："斯蒂芬，现在，解决一下吧！"我看着她，注意着她说话的方式：她说话用的语句很短，在短句间隙喘着气。我们都认识这么说话的人——他们在语句的跳跃间呼吸，这种说话方式传达出的是焦虑。相对于缓缓呼气，让自己平静下来，短促的呼气这种呼吸方式让她更加焦虑。

我对她说："让你说话的语句长一点儿，在每一次呼吸之前说出的句子里多加些词。"一开始，她做不到，她想不到还能加什么词进去。后来，她加进了一个词，又加了一个词，渐渐地，她能一口气说更长的句子了。她的说话方式开始变得有吸引力了。之后，她做出了一次精彩且引人入胜的介绍，她的声音传达出了与观众的联结。曾经的她非常害怕公开演讲，现在的她却已经能用这种方法来治疗有社交焦虑的人了。

只要知道了具体的生理学原理，我们就有办法让来访者平静下来——对我的这位朋友来说，生理学上平静的原理就是让她在说话时延长呼气时间。从神经生理学上说，在呼气期间，迷走神经对心脏有更强的镇静作用，但慢速呼气对社交沟通还有另一个效果：随着迷走神经对心脏的调节增强，其对咽部、喉部的影响也增强了，这使得发声变得更动听，从而向他人传达出了安全的信号。现在我的这个朋友已经可以在900人面前平静地、用有韵律的语调发言了。

这个例子呈现了一种简单的治疗策略。即使来访者可能在社交沟通上存在困难，只要你能触发支持社交沟通和平静的生理状态，就可以使各种社交行为在这一神经基础上自发进行。不需要尝试去训练或控制社交行为，这一切就可以发生，这是与传统的临床治疗方案不一样的。

布： 你确切知道关于这个朋友为社交焦虑患者所做的都有哪些？她是怎么转变或应用那种方法的？

波： 基本上，她就是指导她的来访者延长说话时的呼吸时间，让他们在一种不焦虑的生理状态下做曾经让他们感觉焦虑的事。还是那样，如果你在每一个短句中增加词语数量，以此开始延长呼吸之间的间隔，你的生理状态就会镇定下来，而曾经会产生焦虑的公开发言也就不再会让你焦虑了——它现在是在一种平静的生理状态中进行的。在这一过程中，社会参与系统的另一个部分——声音——也在发生变化。声音不再是尖锐的，而是更婉转动听、更让人愉悦的了。

布： 必须得大声进行吗，还是说轻声也行？

波： 我年轻时曾是一名音乐家，一名单簧管演奏家，我想说的是，你可以通过想象来做很多事，而不需要实际去做。我可以在不实际演奏乐器的情况下进行练习或排练。如果我要在一场音乐会中独奏，我会在头脑中想象自己演奏音乐。有很多事都是可以先想象再结合进实际行动中去的。

布：就社交焦虑而言，我在想，如果人们受到惊吓，大脑一片空白，想不出要说什么，那就意味着他们没办法延长语句，因为他们想不出自己要说什么。

这时，能让他们数数吗？我们能说"在下一次呼吸之前数数，越多越好"吗？

波：这样他们做的其实就是在喘气，这其实是进入了一种与你刚才描述的状态相似的生理状态。

如果你这样做，那么人们可能偏向进入一种与他们想做的事不相容或适得其反的生理状态。如果你让他们慢慢呼气并口头计量呼气时间，他们可能的确会变得更投入。但如果做这样的喘气，反而会让大脑停摆——你在改变自身的生理状态。

这个模型很简单，在你关闭迷走神经控制系统，允许交感神经系统动员化时，问题就会出现：这是在让你准备好战斗或逃跑，而不是社会参与。

我给你举另一个例子吧。我曾经在一场谈论共情的会议上演讲。我站在台上，面对着几百个人，他们关掉了屋子里的灯。我开始演讲，但这样看不见人脸的讲话感觉像是掉进了深渊，我没有得到任何反馈，感觉与一切断联了。这听起来挺矛盾的，毕竟这是一场关于共情的会议。我让他们把屋子里的灯重新打开。我当时的说法是，"如果我看不到人们的脸，我的演讲就毫无意义"。

我们真正要注意的是，人们互动会感到恐惧的一部分原因是他们从互动中得不到任何反馈，而实际上可以反馈的太多了。

我想我们可以把这一切都关联在一起，看看受过创伤的人都发生了什么，以及他们不能再利用与他人的交流来调节自身生理状态的这一困难。焦虑的人无法利用他们与人的互动来让自己感觉更好一点儿。这与认知无关——他们对自己感觉不好，是因为他们使用的行动策略、说话方式，甚至呼吸方式全都在支持战斗或逃跑，他们无法从互惠性互动中获利，而互惠性互动是需要调动社会参与系统的。

创伤治疗的未来

布：斯蒂芬，你认为创伤治疗领域会朝哪个方向发展？你有什么感到激动的预测或期望的部分吗？五年后我们可能会走到哪一步？

波：很明显，一切将更加以身体为导向——你也可以从与之打交道的所有医生那里看出来。我本人身处一个非常有趣的十字路口，因为我并不是一位医生，而是一位尝试解释医生所作所为的科学家，这让我有机会接触到各种创伤治疗模型，包括彼得·莱文开发的躯体体验疗法（Somatic Experiencing）、帕特·奥格登开发的感觉运动心理疗法（Sensorimotor Psychotherapy），还有巴塞尔·范德考克的研究成果。这些敏锐的医生发现多层迷走神经理论在解释他们的工作和为他们的工作提供神经生理学解释方面很有用。

多层迷走神经理论给出了身体同大脑、身体同心理过程之间的神经生理学联系。我们现在趋向于将创伤理解为一种适应性反应，它可能只对最初的反应具有适应性，但后来这种反应却可能变得根深蒂固，并且不合时宜地出现。所有的治疗模型似乎都是为了改变"关闭"反应的阈限，使来访者能更多地参与社会活动。成功的疗法似乎都专注在生理状态的转变上。

所有这一切的根源——同时也是多层迷走理论发展的方向——帮助我们理解了我们与他人的关系如何使生理状态得到了共同调节。我的研究聚焦于这样一种概念：通过共同调节实现的安全是人类的生物必要性。我们如果没有与合适的哺乳动物互动，就不能好好地活下去。创伤治疗也可能用在狗、马等哺乳动物身上，但问题是，我们要怎么让神经系统自发地与他人接触？我们需要社会参与去变得健康。

在未来，使用药物的创伤治疗将受到极大的限制，可能它会更多用在创伤的急性反应处理上。改变对药物的依赖很难，因为医学界现在在很大程度上还是以药物治疗为导向。精神科医生基本都受训成了应用精神药理学专家，相信药物对他们治疗的特定病症有针对性效果，而没有考虑到药物会影响神经反馈回路，进而影响体内的许多系统。

我认为，未来我们必须摆脱慢性治疗所用的药物——虽然药物可能的确对急性反应或紧急治疗有用。我们必须更尊重、更深入理解完整的神经反馈回路：这些反馈回路不仅涉及身-脑循环，也涉及人与人之间身-脑共同调节的循环。

布：我们谈到创伤治疗时想到的更多是信任，而多层迷走神经理论的很大一部分是帮助人们感觉更安全。我在想，婚姻和家庭治疗师甚至夫妻治疗师是否经常用到你的研究成果？

波：这是个很有趣的问题。我最近在埃里克森基金会夫妻会议
（Erickson Foundation Couples Conference）上发表了演讲。
我很惊讶我居然受到邀请了。下周，我将在美国团体心
理治疗协会（American Group Psychotherapy Association）
全体会议上做主题发言。这些对于我来说都是新场合。

布：我在想这么一种情况：一对夫妇的其中一方在某个方面受
到严重伤害，从此开始用退缩来应对压力情况，而另一
方也能感受到焦虑和问题的恶化，这么说吧——这是一
种我们经常见到的典型情况。

　　我们要怎么教后者去以一种能够抑制前者反应的行
为方式行事呢？

波：对，这很难，我这么说是因为我就是一位丈夫、一位父
亲、一位导师。在受到刺激或接收到信号时调节自身行
为已经相当困难了，在你自己就是当事人的情况下很难
去成为一个旁观者，这也让夫妇之间的交流举步维艰。
我的同事，像斯坦利·塔特金（Stanley Tatkin）[1]，对夫妻
治疗期间的录像和生理学监测非常感兴趣。他认为，在
观察自己行为的同时理解自身的自主神经反应有助于夫

---

① 临床医生，心理生理学夫妻疗法（Psychobiological Approach to Couple
Therapy, PACT）的开创者。

妻了解各自的反应，甚至认识到他们的神经觉发生了怎样的偏差。

通过监测生理数据，我们可以看到生理状态在一个人身上的动态变化。现在我们受限于一种认知-行为的世界观，并没有充分重视我们生理机能出问题时的情况。

如果我们在夫妻治疗期间监测生理状态，就可能看到这样的情况：夫妇中的一人被一句话刺激得心率和血压飙升，怒不可遏，而他的伴侣可能只会想着告诉他"冷静下来，坐下来，别担心"。但是，鉴于他的生理状态，他可能无法以理性的方式处理"冷静下来"这一建议——他的神经觉可能已经发生了偏差，认为一切建议都有害且有攻击性。

建议一个动员化的人冷静下来，是对他们生理状态对行为施加限制的不尊重。我们会发现这是一种误解，是对我们生理状态如何影响自身和伴侣行为的误解。

布：这太神奇了。你刚刚分享的观点，甚至那些关于社交焦虑及其治疗的观点，都非常重要。

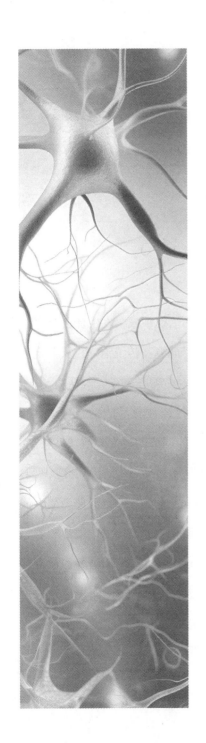

第六章

从多层迷走神经理论视角看待创伤治疗的未来

斯蒂芬·W. 波格斯与劳伦·卡尔普

卡[①]：你认为在未来五年内，创伤治疗领域会发生什么变化？

波[②]：创伤给传统治疗模式带来了问题。传统治疗模式假定大
多数精神障碍都有共同的神经生物学基础，与压力调节、
"战斗或逃跑"行为和交感神经被激活的机制有关。所
有这些情况都与引发异常行为调节的过度唤醒状态有关。
然而，医生们在对创伤幸存者进行评估后便会意识到，
创伤的神经生物学表现并不总是遵循我们定义为战斗或
逃跑反应的高度动员化防御的连续体，而是经常顺着另
一个非动员化的连续体表现出来。这些来访者并没有经
历包含太多动员化行为的过度唤醒状态，而更像是完全
的"关闭"状态，伴随着绝望的主观体验，甚至反映出

---

① 指劳伦·卡尔普。
② 指斯蒂芬·W.波格斯。

一种想要消失的解离现象。

这些行为和心理症状与传统的防御、应激甚至焦虑和抑郁的传统诊断模型并不相符。目前的诊断和理论观点与创伤幸存者情况的不匹配，给了我一个在多层迷走神经理论中提出帮助我们理解创伤的生物行为反应概念的机会。在我提出这个理论的时候，我正尝试解释哺乳动物在生命受到威胁的极端情况下使用的另一个基础防御系统——"关闭"和非动员化系统。通过静止不动，哺乳动物便不会被捕食者发现，而作为这一策略的副产物，心率可能骤降到足以引发昏厥反应、失去意识，或在人类身上触发解离状态的程度。这一防御系统可能为很多不同哺乳动物物种都带来了安全的结果。

过去，我并没有想到这种防御策略是一种创伤反应。我以为这是一种向着哺乳动物和爬行动物共有的更原始适应性反应的回归，而爬行动物更是将其作为一种主要的防御系统。然而，在我开始讨论这一模型和理论时，创伤研究领域对多层迷走神经理论中的非动员式防御部分变得非常感兴趣。如果说有一群专业人士能够直观地理解并看出这一理论的临床应用能力，那就是治疗创伤的医生们了。对创伤研究领域的人们来说，多层迷走神经理论给出了创伤幸存者症状表现的一种解释。

我与一些临床医生和严重创伤的幸存者进行过有趣的讨论，这些讨论启发了我的研究。我了解到，严重创伤的幸存者经常会经历传统临床理论无法解释的状态。许多创伤幸存者感觉他们是治疗所用疗法的受害者！我了解到，他们无法理解他们所经历的症状，临床上的解释几乎无法让他们确信自己正在走向痊愈。很多人都觉得自己疯了，无法理解自己的感受和自己所受创伤带来的心理上的后果。基于从医生和受到严重创伤的人那里所了解到的一切，我开始在演讲和研讨会中插入一些关于创伤幸存者的陈述，描述他们如何学着去庆祝他们身体在适应和驾驭危及生命等极度危险的环境方面所取得的成功。基本上，我想在他们的个人叙事中注入一些对神经系统不随意反应的尊重，正是这些反应让他们转入能够活下去的生理状态。

他们对生命威胁的反应尽管可能让他们转入了能够活下去的状态，却也造成了问题，因为这种拯救了他们生命的状态是很难摆脱的。一旦进入"关闭"状态，他们就很难恢复被定义为"心理韧性"的行为状态的灵活性。在幸存者必须去进行社交互动时，这些问题就会突显出来。在社交互动的要求下，幸存者会发现自己无法再进行创伤前所体验到的舒适的社交互动。只要明白这种挽救生命的状态现在限制了社交能力和感觉良好的这一事实，我们就还是可以庆幸自己身体举措的成功。

在面向医生的演讲中，我经常问他们："如果你不一味地要求他们多社交，多和别人交往，而是告诉他们'现在我们来花点儿时间庆祝你身体所做的一切吧'，那结果会怎么样？"在演讲中做出这一提议之后，我开始收到医生们的回信，说揭开创伤的神秘面纱很有治疗效果。他们告诉我，他们的一些来访者在对自己无法理解的身体反应不再恐惧之后，确实开始恢复了，或者至少减轻了症状。所以，为了让这一阐释更简单一些，我转换了自己看待创伤的视角，从总是尝试将所有适应性防御反应归类为战斗或逃跑，转变成了对原始防御系统的尊重，这些系统在帮助我们远离伤害和痛苦上卓有成效。一旦我们正视"关闭"反应的适应性功能，治疗就必须解决一个重要的问题：我们要怎么让一个人脱离防御状态，转而让他们进入可以与他人交流、感觉安全的状态？

卡：我的一位近亲经历了睡觉时遭受入室抢劫的创伤，现在他得了 PTSD。在和专家们从认知层面探讨和理解这一经历之外，我还用我自身作为按摩治疗师的经验，用触摸作为接触他和安抚他的方式。你对治疗性触摸的使用有什么看法？

波：一般来说，经历过创伤的人不太容易接受他人或接受被他人触摸。作为一名治疗师，你必须对他们的脆弱之处非常敏感，找到他们对你敞开的机会之窗。还有，你也要对来访者对你互动行为的反应保持敏感。我建议，治疗过程中来访者一旦放松抵抗，心理治疗师要敏锐地侦测信号。此时，与其像一些治疗对来访者进一步逼迫，不如做一些后退让步。

卡：我听你说过，对经历过某种形式创伤的人来说，对他们发出信号的关注和对他们独特经历的尊重非常重要。作为一名医生，我也在尝试为来访者带来力量的源泉，让人们找到适合自己的方式来帮助自己重新认识自己的经历。

波：就创伤而言，关键不是创伤性事件，而是对创伤性事件的反应。为了自我提醒，我有这么一句话："自身即地狱。"对我来说，这意味着我对创伤性事件的判定与来访者本人无关，他们的反应才是判定结果如何的关键。因此，在一些我们可能觉得相对良性的情境中，另一个人的神经系统却可能反应得像在面对什么生死攸关的场面一样。

当然，如果你经历了一场入室抢劫，人们可能会说："啊，你还活着，又没受伤，那还有什么好担心的？"在说出这种话的时候，他们对受害者身体关于这一冒犯行为的反应并不敏感。关键在于，我们必须正视这一点：我们的神经系统有时会基于我们的随意行为行事，有时又会功能性地违背我们的意图，按照它想要拯救我们的意图行动。

　　我来说一次我本人体验过的这种身体违背意愿的经历吧。几年前，我为了做心脏检查接受过一次输液，输液管从我的手臂滑脱了出去，我告诉了输液者，他把输液管移动了一下以确保插入稳当。但是，他移动输液管时激活了调节血压的传入神经（afferent nerve）通路，然后我就昏了过去。医生的解释是我太害怕了。这绝对与害怕一点儿关系都没有，而只是因为他们激活了某些特定的感觉受体。医学界将这些与创伤幸存者症状相似的行为结果解释为心理方面的现象，不管昏厥等行为到底是否只是生理反射。

　　但是，重要的是不要认为影响我们大脑和意识的一切都是自下而上发生的。我们确实能使用自上而下的神经回路，让自己用认知功能来重组和促进身体的运作，尽管我们在正常的成长过程中可能经历过某些创伤或困扰。

　　作为一个物种，我们很幸运地拥有一个巨大的大脑——我们可以用它来获取信息，实际上它也成了我们的父母、老师或心理治疗师。在获取新信息的同时，我们也在调整自己的行为和思想。这一行为和认知的灵活性使我们更有心理韧性、更灵活，适应能力更强，而不至于受困于童年的缺憾，将早期受过的困扰和创伤视为导向失败的决定性影响。有着这么一个好大脑——大号大脑，我们现在可以开始讨论自上而下的机制了。这与我早期关于自下而上机制的观点不同，我曾经认为大脑的行动和决定可能都受制于身体状态的变化。

　　我们的大脑能够重组身体的感受。我们能够以不同的方式重新诠释、看待事物。我们可以将失望和愤怒转变为一种更具尊重和包容性的理解：那些曾经让我们失望的人可能只是在努力适应非常困难的环境而已。很多人放不下过去，经常把很多当下的问题归咎于他们没能受到良好抚养的早期经历。他们忘了自己的父母也是可能经历过糟糕养育和创伤的孩子。这些埋怨父母的人往往忘记了他们自己也是父母，他们正在制造一种跨世代的病态心理，这也影响到了他们自己养育孩子的方式。

持有一个大号大脑让我们能够认识到，许多过去会造成伤害的现象，其实不过是受一些无辜的适应性行为所刺激而产生的。

我们都对社交互动的中断极其敏感。例如，如果我们正在跟人说话，对方没有表示要终止社交互动就突然走开的话，我们会产生强烈的内脏反应。这种情况发生时，我们的身体像是在大喊大叫着告诉我们有什么地方不对，这是一种我们无法容忍的情况——这违背了我们对社交互动的预期。

我从来没听人说过："哇，我何必这么难过？真奇怪！"即使是见多识广的科学家和医生也不会将这种类似自闭症的行为解释为生理状态的改变，相反，他们会假定直接走开的那个人表现出的迟钝行为是有动机的，比方说，我们可能觉得那个走开的人不喜欢我们，不重视我们，或者我们自身不够重要。我们开始胡思乱想，构建一个说得通的理论模型，将行为动机归因于此，却从没退一步想想——也许这个人只是在试图适应这复杂的社交环境，没有足够的能支持社交行为的神经资源而已。

我认为这一点很重要——我们既有自下而上的策略，也有自上而下的策略。在自下而上的策略中，我们的身体控制大脑，传递着与压力和危险调节有关的感觉，影响我们感知世界的能力；同时，我们也有自上而下的策略，用以让自己身处安全的环境中，并用这些知识来解构和消除那些可能对我们造成伤害的事物。

卡：在临床实践中，我收治过年龄大一点儿的儿童，他们的疾病形形色色，从注意缺陷障碍（Attention Deficit Disorder, ADD）到阿斯伯格综合征（Asperger syndrome）等一系列问题。靠着这一新视角，他们当前的经历和思维能力可以产生一些转变了。

波：对！在讲述我们自己过去的故事时，我们就已经不再是小孩子了，我们是成年人。这是一个非常有趣且有意义的方法，对我们这一代人至关重要，我们的父母经历过世界大战、大萧条或现在的我们未曾想过的苦难。我们除了说"好歹他们活下来了"，还应该理解一点，即他们并不是在充满安全感和保障感的环境中活下来的。

卡：我想知道你在学校和自闭症领域所做的工作。

波：我参与了位于芝加哥的复活节印章基金会（Easter Seals Foundation）①开办的一所自闭症学校的建筑设计工作。这

———

① 美国一家非营利性组织，1919年由埃德加·艾伦创立，旨在为残障人士、退伍军人、老年人和护理组织提供服务。

所学校必须具备一些特定的特征。其中一个重要特征就是教室必须安静，我们努力减少背景噪声，并提供大量不刺眼的环境光。窗户离地 1.5 米，不会带来分散注意力的视觉刺激。房间采用间接照明，消除刺眼的眩光。房间有极好的隔音效果，天花板和铺了地毯的地面都能吸声。我们之所以这样设计，是因为很多自闭症儿童都对声音和光照有着高敏感度和低反应阈限，甚至他们的瞳孔反射都可能是微弱的——他们的瞳孔可能更大一些，无法对增加的亮度快速做出收缩反应。很多自闭症儿童基本上都长期处在一种动员化的生理状态中。在这种状态下，他们的瞳孔会更加放大，中耳肌无法好好运作。在瞳孔放大时，他们对光照会极度敏感，中耳肌运作不良时又会对声音极度敏感。我们将这种对声、光敏感的生理状态的理解融入了设计之中。

接下来，我们尝试改变校园文化。这是个很有意思的问题，在大多数学校系统中，自闭症学生都由特殊教育专家来应对，还有各种其他支持性学科从旁辅助，像是演讲、语言疗法、作业疗法和物理疗法，但基本上都是由特殊教育教师来为自闭症等发展障碍患儿提供教育服务。然而，总的来说，特殊教育方案并不是为自闭症设计的，而是为那些学习迟钝的孩子设计的，他们没有过敏问题，也没有状态调节上的困难。将特殊教育模式强加在行为过度唤醒的人群身上会产生大问题，因为特殊教育模式假设行为是随意发生的，而不是某种生理状态下自发出现的产物。

我想将新的方法引进教育机构，来改善自闭症儿童的情绪、行为和认知方面的能力。这些方法不同于侧重行为矫正和传统学科的特殊教育方针，我想用神经练习来改善生物行为状态调节。首先，我想应用我们在实验室里已经成功实施的听力项目治疗方案（LPP，参见第二章和第三章）。LPP用计算机调制过的音乐来缓解听觉过敏反应，镇定行为和生理状态（Porges et al. 2013, 2014）。这种干预可以帮助孩子处在一种社会参与行为能够自行发生的生理状态中。其次，我想用涉及呼吸策略的生物反馈程序来镇静和改善心率调节。通过改善心率调节，孩子们就能镇定和抑制生理状态的一些转变，如课堂上的破坏性行为，像是发脾气和对抗性行为。这两种方法的成功都是基于一种假设：如果孩子们能更平静，不过度反应和防御，教育环境就能发生动态变化，而孩子们也能变得更能接受学习和社交行为。

听觉过敏是自闭症治疗中的一个重要问题。大约60%的自闭症患者都患有听觉过敏，而且这个数字可能被低估了，因为家长经常觉得，他们的孩子如果没有用手指堵住耳朵，就没有听觉过敏的问题。有一次我问一位家长，他患有自闭症的孩子是否有听觉过敏问题，他回答说他的儿子以前有，但现在已经不成问题了。出于好奇，我问他是怎么解决这个问题的，他告诉我说他教他的儿子不要再用手指堵住耳朵。从功能上来说，这位父亲通过训练消除了这种行为，但它是观察孩子对声音刺激的产生痛苦做出适应性反应的窗口，没有了这一行为，父母就再也无法了解孩子不舒服或痛苦的感受了。

虽然听觉过敏的孩子会通过用手指堵耳朵来对大声的刺激做出适应性调整，但这一行为对父母和老师却是个不好的行为。父母和老师觉得用手指堵耳朵表示孩子不想听他们说话，他们没想到声音给孩子带来的巨大负担，因为这些声音对他们自身并不是负担。再说一次，这是一个关于尊重他人生理状态、尊重他人的感官世界可能与自己不同这一事实的问题。这种尊重在医学界和教育界似乎很有限。如果我们的文化环境在神经系统反应方式的层面上尊重个体差异，那么人的发展道路就有可能得到改善。这也是我们研究的目标。

对社区来说有一个重要的问题，学校在某种意义上是问题儿童的收容所。即使学区出于好意花费大量资金用于自闭症等发展障碍患儿的治疗和教育，这些治疗模式却往往并不能帮这些孩子培养足够的技能和能力去融入社会。这些有限的成果并不意味着自闭症儿童的治疗成果总是很糟糕，只是总的来说，自闭症儿童的教育体验对他们自己、对他们的家庭和教育工作者来说都是一种压力。我想创造这样一种环境，不仅让科学指导实践，实践也能反过来为科学提供信息。在这种情况下，实践就会告诉我们，自闭症儿童的教育在神经生理层面存在着压力。

学者、科学家和临床医生各自都对自闭症有独特的看法。但是，这些专家容易忽视一个事实，那就是自闭症相关的各种症状可能会破坏整个家庭的生活。例如听觉过敏对家庭的扰乱：它限制了过敏儿童的活动范围，影响了其在家里的日常活动，这对家里很多人的生活都是一种干扰，但这不是研究自闭症的科学家们想去探究的领域。他们不想去研究这个方面，部分原因是资助机构不想支持这方面的研究，而资助机构不想支持是因为这种现象并不是自闭症特有的。资助机构探寻的是自闭症的神经生理学特征或遗传学特征，但他们是找不到的，因为自闭症的诊断是根据诸多不同的行为和神经生理学特征做出的。

我们也能在创伤经历者身上看到听觉过敏症状。几种精神障碍的临床问题可能存在一个共同的核心，因为在生理状态处于防御模式时，社会参与系统的神经调节会弱化，这便会导致听觉过敏，以及在许多临床障碍中出现的面部表情贫乏问题。

自闭症研究中的另一个问题是，几乎所有研究都是在实验室中完成的，但诊断是在哪里做的呢？医院或诊所。一个与实验室相似的临床环境可能触发防御行为，进而限制自闭症患者的功能性行为范围；但在诊所或实验室中，你并不知道在自闭症患者和非自闭症患者身上观察到的区别到底是由对环境的防御性反应引起的，还是真的由个性差异导致的。要理解自闭症，最好的办法就是在一个患者熟悉的环境中进行观察，所以我决定将我的自闭症研究从研究中心的实验室转移到自闭症学校中去。通过在学校里创建实验室，让孩子们对环境更熟悉，我就能减弱孩子到新环境中接受测试或评估会给结果造成的巨大的不确定性。

在 LPP 的执行中，我们看到奇妙的事情发生了。很多孩子在结束干预时已经能够自发地拥抱工作人员并表示想要回来。自闭症学校里的实验室环境是支持性的、友善的、让人平静的，对患者不会造成压力。对比一下学校里实验室的情况和医院环境下将一个孩子放进 MRI 机器的情况吧。我一直在想哪些自闭症患者可以进入 MRI 机器，因为他们中的很多人都有听觉过敏，当然也不会喜欢受到拘束。我们会不会被自闭症的功能性 MRI 研究所误导，认为有一部分被诊断为自闭症的患者可以忍受 MRI 机器中的环境呢？

卡：我有一位十几岁的患者，小时候一感觉压力大就会转圈，现在则会拍手或甩手。你对此有什么看法？

波：他摇来晃去或喜欢荡秋千吗？上下方向的晃动会刺激参与血压调节的神经受体，帮助组织迷走神经系统，这具有镇定效果，可能会减少拍手的频次。当一个孩子拍手时，他是在社会环境下表达一种动员化行为。他没有逃跑，只是拍手，但这种时候父母经常会不满并尝试制止这种行为。这时，孩子可能就会停止拍手，改为踱步了。我认识一个孩子，因为妈妈不想他拍手，所以他把卧室地毯都磨破了。我将拍手视为一种社会环境下的适应性动员化行为，你只是在拍手，没有完全失去对自己的控制。

　　有种最简单的帮助镇静和自我调节的办法，就是摇晃身子，可能是荡秋千、玩滑翔机或坐摇椅。在进入现代社会之前，荡秋千是很常见的，在 20 世纪上半叶，房屋通常都有门廊，夫妻会将在一起荡秋千当做一种社会参与。这种游戏现在已经不很流行了，但还是会起作用。在某种意义上，荡秋千是在用行为来调整生理状态，并起着一种生物行为干预的作用。荡秋千使人平静，能帮助自闭症儿童自我调节。在训练球上摇摆可以有效刺激副交感神经系统的骶部传入神经，这些传入神经将信息传递至脑干，并增加副交感神经张力。因此，在训练球上摇摆可能是一种刺激迷走神经中枢调节的替代方法。

卡：总的来说，你觉得我们过去五年里在人际神经生物学——大脑、思想和人际关系这些方面——走到了哪一步？未来五年又能发展到哪一步？

波：首先，研究神经系统的科学家要与临床医学界实时接轨，这是非常重要的。实验室科学家与临床医生之间目前尚存在巨大的隔阂，各种疾病的研究模型和神经模型经常遗漏一些在临床实践中才能发现的重要特征。这种研究与实践之间的隔阂甚至延伸到了临床研究领域。在医学院里，科学家也是执业医师，他们进行了很多临床研究，这些临床研究员花大部分时间在做研究上而不是看病上。但是，实验室中观察到的临床现象经常与诊所里观察到的不一样。从个人角度来说，我一直认为与临床医生的交流是一种了解真正问题所在的方式，而不是将科学研究拿来夸夸其谈，这只是一种应付患者的方式。

未来五年的发展方向吗？我可能得说一些你不喜欢听的话了。我认为我们一直生活在一个既以大脑为中心，现在又以基因为中心的世界里，我们希望尝试去理解心理健康问题，优化人类体验。我认为，在对大脑结构和功能的持续关注中，我们错过了临床医生格外关注的一个主要问题，也就是身体感受的重要性，以及它们如何调节并压制我们调用高级大脑功能，包括思考、爱和社交在内的高级心理过程的能力。在我们成为量化遗传学和脑功能的技术产品的受害者时，我们也严重低估了渗透进身体各处的疾病行为的影响，而只是关注特定的脑区或遗传多态性。

如果从症状学的角度思考，不管我们在讨论精神症状、行为问题，还是身体健康症状，大部分症状其实都在周围。神经系统不是只有一个独立于身体的大脑，而是一整个脑-身神经系统。人际神经生物学的未来在于认识到我们的神经系统是拓展到全身的，并在功能上对我们与他人的互动做出反应。我认为，人际神经生物学的未来要着眼于促成人们更多地去了解一点，即社交互动和社会支持是怎样通过心理治疗师、家庭成员或朋友来改善身心健康的。

卡：你已经分享了很多令人回味无穷的内容，非常感谢你花时间出席这次讨论。

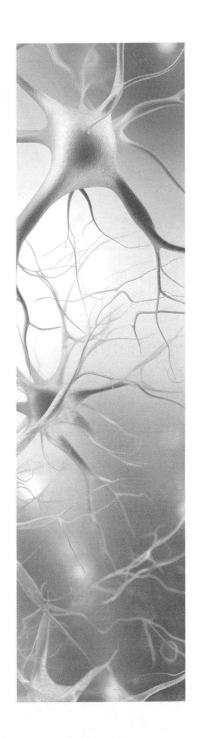

第七章

从躯体角度看心理治疗

斯蒂芬·W.波格斯与塞尔吉·彭格尔

彭[①]：看你的著作，你似乎对神经系统给予了很大的关注。

波[②]：我的研究集中在生理状态的神经调节对行为的影响，还有这些机制与我们社交方式的关联上。其实，我在年轻时就很好奇我们如何在他人在场时调节自身的行为状态。虽然这个问题在我年轻时就已经产生，但直到最近一二十年我才意识到，这种能力是心理健康很多方面的核心问题，对我们的生活质量有重大影响。

彭：所以，这并不只是一种寻求理解自我调节方法的个人追求。

波：嗯，其实一开始它可能确实是一种个人追求，然后不知怎么地就融入我的研究问题中了，正好我还有研究这个

---

① 指塞尔吉·彭格尔。

② 指斯蒂芬·W.波格斯。

问题的能力。我的研究始于解决一个更深奥的问题，与促成信息高效处理的生理反应参数有关。然后，随着我研究技能的提升，我开始思考潜在的生理过程，而不只是关心信息高效处理的生理指标或相关因素。我开始提出关于身体感受和情绪的问题。渐渐地，我又开始问关于他人的在场如何影响我们调节身体感受和情绪的问题，并开始研究神经系统如何介导内脏感受与社交互动如何强力影响这些感受这两者之间有趣的辩证关系。

彭：我们的神经系统是怎么和内脏感受相互作用的呢？

波：虽然神经系统在调节内脏状态上的重要作用对于关心身体心理治疗（body psychotherapy）的人来说，是一个重要问题，但这种重要性并没有得到心理学和精神病学界中所使用和传授的流行模型、理论和疗法的承认。心理学和精神病学基本都在用自上而下的理论模型，将情绪和情感变化过程概念化为中枢神经现象，并极力弱化身体在这些体验中的作用。与这些模型相一致的是，焦虑都有可能被看作一种没有内脏表现的"脑部"功能。幸运的是，有一些临床医生，包括许多身体心理治疗师，对大脑和身体之间双向交流的重要性有所认识。例如，感觉信息从身体传达到大脑，并影响我们对世界的反应方式，而脑部功能可以通过认知和情感变化过程影响我们的内脏，这些过程与我们的世界观和对环境中各种特征的反应相关。这种关于神经系统如何在复杂社会环境下调节内脏的双向且相互影响的概念，虽然很直观，但总是被包括精神病学在内的许多临床医学领域所忽视或淡化。

彭：感受并不是在某个孤立的领域中自行产生的，我们的身体感受和认知思维之间存在着一种双向性。

波：完全正确。对感觉避而不谈以及强调认知过程是西方文化中以忽视感觉为代价的重视思维的悠久传统。比如说，我们可以回顾一下笛卡尔的学说，讨论他的哲学是如何构建身-心二元论的。笛卡尔的阐述用的是法语 Je pense donc je suis，翻译过来就是"我思故我在"。但是，假设笛卡尔用的是另一种说法：Je me sens donc je suis，即"我感故我在"，注意这里用了动词"感觉"的反身动词，字面翻译就是"我感觉到我自己，所以我存在于此"。如果他当时说的是这个短语，那他强调的就是与情绪一致并对其产生影响的身体感受，而不是触碰物体的感觉。

在英语中，我们形容身体内部产生的感受和我们触碰物体时的感受用的是同一个词。遗憾的是，对笛卡尔来说，身体内部的个人感受并不是他所考虑的。但想象一下，如果他真这么说了，我们对待他人的方式会发生怎样的变化？作为人类发展到今天的历史轨迹会走到什么地方？与之相反，基于笛卡尔的思想，我们的文化哲学采用了这样一个前提：要做一个优秀的人类，我们就得压抑或拒绝正视自己的内脏感受，从而让我们优秀聪慧的大脑发挥它的潜能。身体和心理疾病可能就是坚持笛卡尔这一教条的后果。因此，如果一直不正视身体自身的反应，一味忽视内脏感受，长此以往就可能因为抑制了大脑和身体之间双向神经反馈而引发疾病。

彭：来讨论一下我们体验内脏感觉的方式、它们如何与认知相关联，以及如果在表达内脏感受时出现问题，或者认知与身体其他部分脱节时可能会产生的后果吧，这对我们的听众可能有帮助。

波：嗯，这真的非常有趣。实际上我现在就在研究这个问题。我一直都在研究安全感对我们接触神经系统各项属性的能力的影响。重要的是要认识到，安全感是我们创造力的前提，也是解决困难事件的前提条件。我们的文化对安全的定义是自相矛盾的：我们在定义安全感时重点关注语言和认知表现，淡化了身体反应和感受。作为专家和学者，我们觉得我们可以用认知技能来定义安全感，但安全感其实是身体对环境的反应。

基本上，我们文化环境下的教育和社会化进程正在非常努力地否定身体对环境特征的反应。如果观察教室里的孩子，我们就能注意到一系列表示一些孩子感觉很安全，可以舒舒服服坐下去的行为特征，但同样的环境会触发其他一些孩子缺乏安全感的过度警觉行为。此外，那些一直在侦测教室里危险信号的孩子，通常也是那些学习有困难的孩子，而那些有安全感的孩子可以轻松跟上老师的进度，高效地学习。遗憾的是，教育界的传统课堂模型假定的是，如果有一部分孩子可以在教室中表现良好，那么每个孩子都应该表现良好才对。

我们的社会将那些容易对刺激的轻微变化产生过度行为或内脏反应的人视为行为不良或不健全的。事实上，我们是在用诸如发展"障碍"、智力"迟钝"或注意力"缺陷"等标签强化这一"道德"概念。社会认为孩子们应该有能力随意终止这些行为，如果做不到，那他们就是不健全的。

基本上，我们只是在告诉这些孩子这些行为不好，即使行为本身可能并不是他们随意做出的，却没有调查和理解所观察到的一系列个体差异背后的神经基础。教育过程本可以尊重和正视一些人独特的敏感性，但这很少发生，也因此导致我们那么多同事要在创伤治疗行业苦苦奋斗。

创伤治疗主要与身体的回应和反应有关。在某些情况下，自主神经状态的行为模式和神经调节会伴随创伤发生极大改变，这些改变可能大到这个人表现出完全不同的行为特征，不能再和他人建立联结或互动。由于行为不符合典型社交互动的预期，受创伤者经常觉得自己不够格或根本没办法正确做事。这种失格感可能受社会预期甚至临床治疗中的评估反馈所驱动。比如，治疗方案中经常包括持续的评估性谈话，经常强调对方的不足之处以期触动他们去随意控制以触发更多亲社会行为。但是，对他们行为的持续性评估可能反而逼得这些来访者更进一步去实行防御策略。

彭：请稍微慢一点儿，你的话信息量太大了。比方说，孩子们在学校里接触到的是一种几近机械式的预设教学运作模式，他们被当作机器。如果一台机器以某种特定的方式运作，那么不管在生理唤醒程度或对环境刺激的反应阈限方面存在什么个体差异，其他类似的机器都得有同样的表现。

波：我想再强调一下你刚才简明扼要的描述。我们把学校里的孩子看作学习的机器，学校的成功其实是由我们能向机器灌输进什么信息所决定的。我们并没有重视内脏状态调节这一技能的重要需求，但它实际上是学习和社交行为所依赖的前提条件或神经生理学基础。着重于改善内脏状态调节的技能培养并不是学校课程的一部分，因此，在当今盛行的教育模式中，锻炼神经系统以改善生理状态的神经调节，以让社交行为更有效表达的机会，是被忽视甚至根本没有的。

　　这个问题在研究有困难的人群，比如自闭症儿童时，会变得很突出。有趣的是，对于自闭症儿童，基础的治疗模式就是特殊教育模式。这种模式建立在学习理论的基础上，用强化和重复来培养技能。遗憾的是，这种"学习模式"没有考虑到自闭症等临床疾病共有的一个重要特征——自闭症患者无法在他人在场时调节自身内脏状态。相反，通用的治疗模型强迫这些人在一种可能降低学习效率的环境下进行调节。

彭：敏锐优秀的心理治疗师都非常谨慎，能意识到除非来访者处在可调节状态，否则他们就不能做出改变。遗憾的是，传统治疗模式经常给儿童强加了一种不那么体贴的治疗模式，并试图在他们还没有学会自我调节基本知识的时候进行强行灌输。

波：另外，儿童的神经系统可能还没有发育到使他们足够有能力在复杂环境下进行调节的水平。因此，我们不是试图去理解神经系统如何调节行为状态，而是试图利用学习法则，在神经机制没有充分发育或出现异常的时候，用惩罚或奖励增强动机来改变行为。因此，这些策略充其量也只是低效策略。

在过去的讲座中，我经常将潜在的内脏状态视作我们对世界反应的一种偏差或扭曲的表现。我用了一张红黄绿交通信号灯的幻灯片来说明这一点，每种信号代表一个不同的生理状态，绿灯代表与安全相关的生理状态，黄灯代表与危险有关的状态，红灯则代表与生命威胁相关的状态。红绿灯左边是代表环境刺激的"S"，右边是代表个体对刺激反应的"R"。这样，生理状态决定了对同一刺激的反应。环境中同样的刺激可能根据刺激呈现时个体的生理状态，产生本质上迥异的反应。

彭：你在描述认知过程、反应、情绪调节能力和对恐惧的反应之间的相互作用时，我觉得你举了一个很好的例子来说明你之前说的作为人类的不同概念。

波：我其实只是在质疑我们这些社会机构的目标而已。这些
机构的目标到底是用更多的信息教导人们，还是让人们
更能进行互惠性互动，彼此调节，让大家都感觉良好呢？
这又得追溯回笛卡尔的名言了，他那条名言将我们指向
了一条有着更多思考、更广泛认知技能和认知层面定义
的"聪明人"的道路。然而，即使我们变得更聪明，却
也已经变得对我们身体感觉良好所需的一切一无所知了。

彭：也许我们应该说说身体感觉良好需要些什么——内脏反应
的作用方式、联系内脏和神经系统的神经回路的决定性
特征。这很重要，因为人们经常讨论到这一点，在他们
的身体里，身体相较思维有一种神秘或玄妙的属性，而
正如我对你描述的理解，这一过程本身就具有一种自下
而上的感觉。

波：我想说的是，社会的一个目标就是让人能够不带着恐惧进
入非动员化状态。这个说法乍听之下可能有些奇怪，但
你想想，在没有恐惧的情况下进行非动员化不就是治疗
的一个目标吗？你肯定不希望自己的来访者一直都紧闭
心扉、焦虑不安或一直都在进行防御。你希望他们能安
静地就座，没有恐惧地接受拥抱以及拥抱他人，在被人

拥抱时身体能感到自在，在人际关系中与他人互惠互利。如果这个来访者一直都紧紧地封闭自己，肌肉紧绷，交感神经处于高度兴奋的状态，他们就是在告知其他人自己处在防御状态。这种以紧绷的肌肉和交感神经兴奋为特点的状态是一种让个体准备行动或战斗的适应性状态。这种状态在明确地告诉周围的人，靠近他是不安全的。

现在可能是个强调一些调节自主神经系统的神经回路的好机会。

第一点是关于从身体传向大脑的信息。自主神经系统对向大脑传递内脏相关信息极为重要。迷走神经，作为自主神经系统最大的神经和副交感神经系统的主要神经，主要是一种感觉神经，其中80%的纤维是感觉神经纤维。迷走神经不断向脑干中特定的神经核传递着大量关于周围器官状态的信息。来自器官的感觉信息同触觉刺激等沿脊髓上行的感觉信息有着不一样的特点。内脏感觉一般都很分散，所以想要确切地进行分类和辨别很难，而且这种分散的感觉经常会给我们的认知和对社交互动的反应"戴上有色眼镜"。

第二点是关于自主神经系统的运动控制。其实，对自主神经系统的传统定义只专注于运动部分、通往靶器官的周围神经通路，以及内脏中的靶器官。迷走神经的重要特性被忽视了，人们只关注迷走神经的运动部分，却没有研究作为迷走神经通路发端的脑干区域。具体来说，迷走神经有两条不同的分支，各自有着不同的功能，这一事实经常被人忽视。

大多数人都知道自主神经系统有两个组成部分：一个是与战斗或逃跑行为相关的交感神经系统，还有一个是主要与关联着成长、健康和恢复功能的迷走神经这种脑神经有关的副交感神经系统。这样介绍自主神经系统，暗示交感神经部分和副交感神经部分是对立的。虽然有时可以把自主神经系统描述为反映成对拮抗作用的结构，但这并不完全准确。

虽然我们经常使用自主神经平衡这一概念，但自主神经系统却很少作为一个平衡运作的系统发挥作用，它更多的是以层级的方式对环境中的挑战做出反应。正是这种将自主神经系统的组成部分概念化为"平衡"和"层级"系统的矛盾之处，促使我提出了多层迷走神经理论。在传统的自主神经系统观点中，交感神经系统参与战斗或逃跑反应，而副交感神经系统参与健康、成长和恢复功能。但是，多层迷走神经系统描述了"战斗或逃跑"系统之外的第二个防御系统,大家都很熟悉"战斗或逃跑"系统,这个系统需要交感神经反应和肾上腺反应。多层迷走神经理论定义了第二个防御系统。这个系统与动员式的战斗或逃跑行为无关,却与非动员化、"关闭"反应、昏厥和解离有关。这第二个防御系统是一个在生命受到威胁时启动的系统,经常能在老鼠一类的小型啮齿动物身上看到。

当一只猫抓住一只老鼠,这只老鼠会进入非动员化状态,看上去像死了一样。这并不是一种随意行为:装死不是由这只老鼠自己决定的。相反,是猫带来的生命威胁信号激活了一个古老的、经常被爬行动物用作防御系统的神经回路。因为爬行动物小小的脑袋不需要太多氧气,它们可以长时间进行非动员化甚至屏住呼吸。然而,这不是哺乳动物能做的选择,哺乳动物需要大量氧气来支持它们庞大的大脑。这种进入"关闭"状态的非动员化反应由迷走神经机制介导实现。事实上,昏厥也被称作血管迷走神经性昏厥,它承认了迷走神经对我们正常的心血管功能具有的强大干涉作用。

因此,我们的迷走神经反应模式跟几十年来公认的迷走神经和副交感神经系统相关的健康、成长和恢复责任并不一致。迷走神经防御系统其实已经被踢出了自主神经系统的研究内容。没有了"迷走神经防御系统"，自主神经功能就能与一个简单的成对拮抗模型很好地匹配起来，其中交感神经部分支持战斗或逃跑行为，与支持健康、成长和恢复功能的副交感神经部分相对抗。

迷走神经防御系统的加入挑战了这种简单的自主神经平衡模型，并迫使我们将自主神经系统的适应性反应重新建构成反映三个层级的概念。这一功能性分级映射了这些自主神经元素在脊椎动物身上的系统发育顺序。最古老的迷走神经系统由无髓鞘迷走神经组织运作，它们起自脑干中一个被称为"迷走神经背核"的区域。这一古老的迷走神经系统是几乎所有脊椎动物所共有的。在哺乳动物身上，这一系统在作为防御系统被激活时，就会抑制呼吸、放慢心率、促使反射性排便。但是在安全的环境中，这一系统便会支持膈下器官，推动健康、成长和恢复功能的运作。当交感神经系统作为防御系统被激活时，它会功能性地抑制古老的迷走神经，中止消化功能，并将能量资源从支持内脏转到动员化上。

系统发育最新近的自主神经系统是有髓鞘迷走神经运动通路。这种迷走神经是哺乳动物独有的，起自脑干中与头肌和面肌有关的一个结构。现在我们知道了，在微笑、开心、声音具有像母亲的摇篮曲一样的韵律变化时，人们就能集中注意力，聆听并理解言语的意思。有髓鞘迷走神经能让我们平静下来、有效处理心血管和代谢需求，并主动抑制与交感神经系统相关的唤醒状态。

彭：所以说迷走神经，或者说迷走神经的两个部分，其实是我们演化中最古老也是最新近的部分。

波：我们迷走神经的两个部分反映了脊椎动物自主神经系统演化的极端特征。

彭：而战斗或逃跑反应处于这两者之间。

波：是的，交感神经系统支持着战斗或逃跑行为。我简单描述一下哺乳动物独特的自主神经和行为特征。随着哺乳动物的演化，它们的生存依赖于一些互动需求的满足，包括养育互动、其他形式的社交互动，以及与获取食物、繁殖、玩耍和支持一般安全需要有关的群体行为。新近的哺乳动物迷走神经能够关闭防御系统，但要平衡社交互动的需求与安全需求，我们就必须知道什么时候该关闭防御系统、什么时候该重新启动防御系统。这是我们社会的一个主要问题。我们什么时候关闭自己的防御系统？什么时候才能安全躺在他人怀里？什么时候能安全地工作？什么时候能安全地入睡？我们的来访者经常有与他人相处而无法感觉安全的问题。他们很难关闭自身的防御系统，不能接受他人的拥抱，有睡眠障碍和肠胃问题。所有这些症状都是自主神经系统的特征，只会在新近的有髓鞘迷走神经系统没能通过适当调节自主神经系统中交感神经和无髓鞘迷走神经部分来让我们感觉安全时产生。

彭：所以，为了有效利用我们的演化遗产，就需要最新近的迷走神经回路来有效调节古老的回路。

波：是的。我正开始将身体和心理健康的脆弱性与特定的神经结构关联起来，这些神经结构决定了爬行动物和哺乳动物之间的区别。在这一转变过程中，有髓鞘迷走神经演化出来，防御策略变得更集中于战斗行为，非动员式防御系统被弱化了，因为它对有很高氧气需求的哺乳动物可能是致命的。我们与现代爬行动物的共同祖先有着和龟类相似的特征，而龟类的主要防御方式就是非动员化。

在询问受创伤者的经历时，我们了解到，他们中许多人都经历过深刻且意想不到的非动员化反应。解释迷走神经防御系统以及无髓鞘迷走神经如何支持一个古老的防御系统来应对生命威胁，对我们理解受创伤者经历的反应非常有帮助。生命威胁激活了一个古老的反应回路，甚至可能重组了自主神经系统调节生理状态的方式，解释清楚这一点能帮助来访者理解他们日常功能为何发生了改变。

彭：所以我们实际上是在讨论这样一个事实——某种意义上，压力越大，我们就越趋向于退回到一种非常古老的生存形式。

波：但这取决于我们对压力的定义。如果我们将你刚说的"压力"解释为生存挑战，这个说法就很合适，因为"压力"限制了我们摆脱压力、进入安全状态的能力，这时我们的生理状态就会跟着调整。这个模型强调环境和神经系统对所处环境中威胁的侦测和解释，我们所处的物理环境与我们自身的生理状态相互作用，来决定我们用以应对压力源和挑战的选择。如果有机会逃跑或自我保护，我们会逃跑或战斗。为了支持这些适应性动员化策略，我们的交感神经系统会被激活。但是，如果我们被锁在一个房间里或被压制住了，可选行动就非常少，在这些困难又极端危险且通常都生死攸关的情况下，我们可能会反射性地昏过去，或者在恐惧中非动员化，并进入解离状态。这些防御行为都依赖于系统发育中更古老的神经回路。

举个例子。一条 CNN 新闻片段（参见第二章）显示一架飞机着陆时出了问题。虽然情况看起来很危险，但飞机最终安全着陆了。着陆成功后，一位记者采访了一位女性并问她着陆时的感受，她回答道："感受？我昏过去了。"她的反应在神经生理学上与猫爪下老鼠的经历相似。显然，恐惧引发的非动员化具有适应性功能，在此期间，个体会失去意识或不再处于"此时此地"。虽然昏厥的触发因素与血压骤降引起的轻度缺氧有关，但防御反应策略具有适应性，会通过提高疼痛阈限以便让你在受伤时感觉不到疼痛。如果你活了下来，希望你会没事，至少你还活着。要理解"关闭"反应作为一种适应性防御反应，真正的要点在于正视我们身体可能自主采取保护我们免受疼痛并拯救我们生命的反应。我们需要承认"关闭"反应的积极方面，不要因为自己失去了战斗能力、进入了非动员化状态，而对自己的身体感到生气。

彭：所以我们又回到了身为人类是如何以及为何有这种体验的问题。

波：这种体验对人类很重要，因为与他人互动对人类生存至关重要。纵观人的完整一生，我们都是依赖于他人的。从出生开始，婴儿就需要哺育和看护。随着我们的成长，这种互动由为了安全和食物转变为为了优化我们的生理状态，也就是我们与朋友和爱人社交互动中体验到的情绪和行为调节。重点是，人类需要和他人互动来发展和优化潜能。一些生物学科在"共生调节"的概念中讨论过相似的过程。我觉得我们现在处在一个很好的位置，可以从生物行为学角度用这个概念来解释人类的社交互动如何促进神经生理学过程的几个方面。通过拓展这个概念，我们还能看到我们是怎样互惠性地向彼此的神经系统发送信号的。社交互动的特点是持续地传递安全或危险的信号。我们不断感受被另一个人抱在怀中是否安全，并判断是否应该退缩转而保护自己。我用了"神经觉"这一术语来解释过这个动态互动的过程。

彭：你已经注意到我们演化出爱和依恋能力的机制了。

波：临床上，我在那些表现出社会联结建立困难的群体身上了解到了这些机制。艾滋病患者给出了一个很有趣的例子来阐述这一点。在对他们的研究中，我了解到他们的照顾者经常感觉自己不被爱，并在满足患者的需求时经常生气。自闭症儿童的父母经常报告同样的感受和经历。在这两个案例中，虽然他们经常报告说感觉不被爱，但

他们真正在表达的是艾滋病患者或自闭症儿童没有用适
当的面部表情、眼神接触和语调向他们给出适时的反应。
在这两个案例中，受照顾者都表现出了一种类似机器的
行为，而照顾者感受到了疏离和情感上的断联。功能上，
受照顾者的生理反应违背了照顾者的预期，所以他们感
觉受到了侮辱。因此，治疗的一个重要方面就是不仅要
处理患者的问题，还要着眼于患者生活的社会环境，重
点是亲子关系或照顾者同患者的关系。这将保证父母或
照顾者能学着去认识到，他们自身的反应其实是一种自
然的生理反应。

　　遗憾的是，照顾者和父母经常将被照顾者的动机归
结为行为的疏离，这就产生了问题。就像学校老师那样，
在学生转过身去不好好上课的时候，老师会有愤怒和攻
击性的反应，家长和照料者也经常将这些有问题的孩子
或个体的表现作为自己愤怒甚至虐待行为的辩护理由。

彭：我们可以主动遏制自身的反射性反应吗？

波：可以试着去做，但很难。我在主持一些研讨会的时候尝试
过用一种简单的体验活动来阐明这一点，我管它叫"不
情愿的治疗师"。在活动中，我创建了一个三人小组，研
讨会的成员在三个角色之间轮换扮演心理治疗师、来访

者和观察者，其中心理治疗师受到指示，要在来访者说话时移开视线并转过身去。这一体验有趣的地方在于，扮演来访者的人经常对"心理治疗师"非常生气，即使他们知道"心理治疗师"只是在进行角色扮演，且是受了指示才转身表现出疏离。在活动中，观察者全程不参与，客观地报告行为信号怎样引发大规模行为转变和状态转变。参与者在三个角色之间轮换时，这样的反应不出意料地重复出现。在其他人忽视我们或对我们表现亲近时，我们的身体实在太容易因此改变状态了，这真的太神奇了。

彭：这就是社会参与的强大之处。即使知晓其存在，即使是在角色扮演的情景下，它仍然对我们有着如此强的控制，我们根本无从摆脱。

波：这非常有意思。在治疗环境中，医生可能需要接待一对有着不同"参与"能力的夫妇。比如说，如果这对夫妇其中一人有创伤史，可能表现出状态调节问题，会在与人当面对质时，甚至在更积极的社交互动中出现眼神飘忽和姿势背离等问题，他/她的伴侣对此会有什么反应？他们通常都只是生气。

彭：帮助他人不把事情看作针对自己的、减少谴责归因，以及减少阻碍人们与他人有效互动的解读——这些是很重要的。而对这种重要性，以及互动中发生的那些事情的产生机制进行解构，会让人感觉很棒。

波：我完全同意。我认为我们生活在一个试图将动机归因到每一个行为，还对所有行为进行好坏评级的世界。我用"道德外衣"一词来形容我们社会的一个特征，它迫使我们对行为进行好坏评判，而不是将这些行为的适应性功能视为生理和行为状态的调节过程。

　　在面向医生们的讲座中我举过一个例子，这个例子与老板或领导不看着医生的情况有关。我想激起一种"受到忽视"的内脏感受。我原以为医生们会把这种情况解释为"老板不喜欢他们"或"他们没重要到引起老板的关注"。但我注意到很多听众一脸茫然，并没有明白我描述的东西。这时我才意识到，台下的大部分医生都是独立工作的。这种疏离的态度通常被视为有评判性的，会让医生们感到不舒服，而这正是他们独立工作的原因。但是，我一直都生活在学术界，在这个社会环境中，很多管理者和同事的社交技能通常都很有限。

　　但是，我想强调的一点是，大部分我们认定为社交技能的行为都不是习得的。确切地说，它们似乎更像是我们生物状态的一种自然属性，而不是通过社会学习获得的"技能"。

有些人能进行良好的眼神接触，对他人充满好奇，面部表情丰富多彩，在社交互动中互惠互利。为了维持这种互惠性，他们其实一直都在向对方传递着明显的、细腻的、可能让他人感觉安全的一些信号。当信号起效时，他人就会通过面部表情和声音予以回应，他们的脸变得更生动，表情更丰富，语调更抑扬顿挫有韵律，两人之间的物理距离也经常随着心理距离的缩短而缩短。我确定你在你的临床实践中观察到过这一点。

彭：是的。我们的确注意到了，并且非常清楚这一点。但是，我们也是人类，跟其他人一样，我们其实很难注意到。

波：我个人遇到关于这些素质的试炼，是在我作为父亲和学生导师的时候。在孩子或学生开始向我们抛出信号的时候，我们要怎么反应？我学着后退一步，思考他们的生理状态。如果他们没吃饭会怎么样？如果他们没睡好会怎么样？如果他们家里出了大事会怎么样？如果这些事件和环境抑制了他们调动神经回路去支持安全和社交互动的能力，交往就会很困难，所以参与、表达和理解的能力就会受限。我们可以对整个文化环境进行归纳，分辨出那些干扰我们调用支持社会参与的神经回路的东西。记住，我们的文化环境并不是为了提升个人安全而构建起来的。在这种文化中，毫无疑问的一点是，我们的努力、成功、积累是永无止境的，而且一切都脆弱且易逝。所以这种文化其实是在告诉我们，我们生活在一个危险的地方、危险的时代。我总是在想，如果这个世界更加重视人类对安全的需要，那么人类会是什么样？

彭：所以你的意思是，重要的不仅仅是注意到安全带来的智识或情绪的转变，而是要完全转换到一个不同的系统，随意去培养切换进社会参与系统的能力。

波：是的。不过你的叙述得改一下：我们要承认，转入和转出社会参与系统可能并不是随意发生的，它可能更像一种反射性现象，受社交互动和物理环境中信号的驱动而发生。

如果我们够聪明——现在就是科学派上用场的时候了——我们就可以开始了解环境中的哪些特征会激活我们的神经系统而进入"战斗或逃跑"状态，或者让我们转入安全状态并调动社会参与系统，哪些特征又会触发"关闭"状态、带有恐惧的非动员化状态或解离状态。背景噪声经常触发动员化的生理状态，干扰社交互动，破

坏安全感。我注意过一些医生办公室，它们位于充斥着
干扰噪声的建筑里。包括大型建筑的排风系统和机械产
生的低频音在内的噪声，都会干扰来访者恢复的能力。

彭：在纽约的话，确实是这样。

波：是的，你可能在这通电话里听到了火车的声音。那是高架
火车。这趟火车正在发出物理信号，让我们的神经系统
保持警惕，以准备好面对潜在的危险。我们通常觉察不
到神经系统是怎么遭受信号轰炸变得具有防御性的。从
"神经生物学"角度为人类设计的环境能确保我们在没有
上述这些特征的环境中生活、工作和玩耍。移除这些形
式的刺激会减少加诸神经系统令其对捕食者或危险变得
过度警觉的压力。这些刺激被移除后，我们就能更容易
放松，接触他人，将社交互动带来的好处照单全收了。

　　但真正的问题是，当我们不再收到触发过度警觉的
信号时，我们会怎么表现，又会有怎样的感受？安全环
境对我们做的一切都很重要，尤其是治疗。我开始想到
正念冥想，并意识到即使是正念冥想练习也需要在安全
环境中进行。在你问到呼吸和注意力如何受背景音影响，
以及我们有多容易分心和变得过度警觉时，这一点就会
变得很明显。我也意识到，在与交感神经系统被激活相

关的防御状态下是无法进行正念的。也许理解这一点的简单办法就是认识到，正念需要一种不做评判的状态，而这又与防御状态相冲突，因为在防御状态下，评判对生存是至关重要的。我们可以把这一点融入多层迷走神经理论当中。评判实际上等于是在说我们处在危险的环境里，需要牺牲社会参与行为来保证自己高度警觉，为战斗或逃跑行为做好准备。

在我们鼓励孩子去学习和专注于电脑屏幕的时候，其实是在让他们进入一种高度警觉的状态，这种状态被稍微调整以产生一种持续集中注意力的状态。但是，这种状态不支持健康、成长和恢复功能，也不支持成功的社交互动所必需的社会参与行为。

反过来说，我们需要理解那些使我们感觉安全和关闭防御模式的前提条件，这将给临床治疗带来光明的未来。如果我们对环境中那些能够关闭防御模式的因素有更多的了解，临床实践和临床治疗就能更高效。如果移除生活环境中那些防御的触发因素，代之以激发安全感的因素，我们的生活就能更健康，拥有更高的质量。在我们的工作和生活环境中，有几种因素是相对容易改善的，包括减少环境中的低频噪声、减少不可预测性，甚至选择和你感觉安全的人待在一起。

彭：所以在某种意义上，就是要朝着治疗根本原因而不是治疗症状的方向前进。

波：各种重要的适应性功能使我们演化出了不同的神经回路。这些神经生理学系统的演化，为新出现的、具有各种适应性功能的行为提供了神经基础。我不喜欢将行为定义为好的或坏的，而认为每种行为都是有机生命体对适应性生存的尝试在神经系统上的表现。但是，即使这个模型将行为定义为适应性的，一些行为还是会干扰恰当的社交行为和社交互动。因此，治疗的一大目的就是让来访者能调节自身的内脏状态，并能接触他人、享受与他人的互动。这些社交行为需要最新近的、调节自主神经系统的神经回路，这一神经回路为哺乳动物所独有，只在我们感觉安全的时候可以调用。这个系统不止促进社交互动，使社交互动促进成长、健康和恢复功能的运作，而且有能力抑制我们为了防御而演化出的神经回路和反应。

彭：所以我们没再从传统病理学的角度讨论这些问题，而能在某种程度上将其看作对可能不好的知觉的良好反应，或者可以说它们基本上是在调节我们的机能。

波：是的，但我不想用"知觉"这个词，因为"知觉"涉及一定程度的觉知和认知。我们对所处环境内因素的反应方式是发生在觉知范围之外的生理转变，我将这一过程称为"神经觉"，以强调这个过程是发生在神经基础上的。我们身体的运作方式非常像一个测谎仪，它持续对人和环境做出反应。我们需要了解更多关于如何解读身体反应的知识。我们必须知晓，我们感觉不舒服是有原因的，而我们需要适应并对此做出调整。

彭：但是——我要唱反调了——我反对去解读身体信息，因为解读身体反应也是一种认知过程。

波：你说得太对了，这是个难题，对吧？

彭：如果没有完全清晰的认识，就很难讨论这些过程。

波：我觉得我们可以忽略这个问题，只需要说，我们得尊重自己身体的反应，而不是一直试图发展一套技能来拒绝接收身体传达的信息。当我们尊重自身反应时，我们就能用自己的觉知和随意行为来探索如何进入能让自己感觉更舒服的地方。有了这一新的认识，我们就能够在自己的身体感受和对身体的管理之间，通过认知功能建立一种伙伴关系。

彭：你的这些话让我想到，我们应该顺其自然，而不是勉强自己。

波： 年轻的时候，我们可以轻松应付嘈杂的地方，像是酒吧或挤满了人的房间。但随着年岁增长，我们就难以在嘈杂和挤满了人的地方理解人声，也很难与他人建立联结。从某种意义上来说，我们的神经系统开始失灵了：我们想要逃离这些不舒服的环境。很多人都有过相似的体验。但是，在某种意义上，那些有这种经验的人并没有及时正视这些不舒服的身体反应，所以也就不再能控制自己的行为。

彭： 所以，在某种程度上，我们的很多病理都是因为覆盖这些信号的能力太强了。

波： 我们收到了信号，但没有正视它们。我认为这种否认自身身体反应的策略与我们的文化有很大关系。这一点与我之前提到的对笛卡尔的评论有关，笛卡尔强调身体感觉服从于认知功能。我们的文化对宗教观念的互相依赖导致了对身体感觉重要性的消除。具体来说，身体感觉被定义为与动物有关，而认知则是一种更多与精神相关联的属性。

彭： 所以我们得从自下而上的视角来思考我们是谁。

波： 但它其实是一个既有自下而上视角也有自上而下视角的

模型。我们想维持心-身或脑-脏联系的双向性，因为大脑调节内脏，内脏又持续向大脑提供信息。简单的运动，像是换个姿势，都能改变大脑接收到的信号。向前倾或往后靠时，我们的血压便会改变，并向压力感受器这一监控血压和与大脑区域交流的感受器发送不同的信息。

往后靠时，我们通常会更加放松，不那么注意到身处的环境。如果直立起来，就会触发血压的变动，让我们感觉更警觉和专注。因此，这些激活了血压感受器的简单行为调整，能改变我们与世界的互动。

我家地下室有一把可以躺下的椅子，它能减轻腰部压力。我只要躺上这把椅子就不想起来了。我感觉到了完全的放松，不想去做任何事情，也不想做任何思考。我只想待在那里。然而，当我站起来走到办公室，坐在我的办公桌前时，我的姿势是挺直的，这时我的动力和精神状态就改变了。坐在办公桌前，我开始觉得工作有趣又令人愉快。这就好像姿势的转变引发了与环境的两种不同的互动。这种心理体验好像反映出了两个不同的人格：一个懒洋洋的，一个热情而投入。所以，像稍微改变姿势这样简单的事情，通过激活神经生理学回路，就能够改变我们对世界的反应、组织思维的方式，以及激励自己的方式。

彭：有趣的地方在于，这一切都是由改变姿势引起的，姿势的
　　改变可能还会导致我和环境之间关系的转变。

波：其实，你说到了一个重点。关于这点有另外一种视角，即
　　我们是从在放松状态下专注于调节内脏平滑肌，转变成
　　了在一种更警觉的状态下调动躯干和四肢的横纹肌。会
　　发生这种转变是因为坐直需要肌张力增加，为了完成这
　　个任务，我们需要调用不同的神经回路，而不是继续用
　　我们躺着时和横纹肌张力放松时用的那些。在躺着的姿
　　势下，我们实际上成了一个平滑肌有机体，以节约资源，
　　但处于直立姿势时，我们需要骨骼肌保持肌张力，这时
　　我们才能成为一个具有互动性的、积极主动的有机体。

彭：所以，从哲学的角度看，你认为个体、自我是一个过程，
　　在特定的环境下，这个过程会倾向于支持平滑肌并产生
　　放松状态。

波：当你经历一段放松的、非动员化的状态时，支持健康、
　　成长和恢复功能的特定生理过程便发生了。这是一种非
　　常重要且有用的状态，虽然它不支持社交互动或思维的
　　发散。

彭：所以在某种程度上，我们只是在讨论如何调用不同神经回

路向环境中动态的变化做出反应和进行适应。

波：如果我们将支持不同类型行为的神经平台概念化，就能开始解释这些行为，以及不同神经平台上行为的局限性。躺着的时候，我缺少社交行为这一点并不是适应不良的，但如果我有一群朋友晚上要过来玩，这就可以被视为适应不良的行为了。所以，情境确实是在定义何为恰当的适应性。然而，行为是神经平台的新生特质，而这些适应性特征依赖于这些行为在特定环境下的适当性。用这些术语对行为进行概念化可能会改变我们对行为病理的理解，我们可能会将行为病症解释为在一种环境下具有适应性、在另一种环境下适应不良而被激发出的行为。例如，解离或"关闭"反应的创伤幸存者，也许会表现出一种在创伤性事件中具有适应性，但在社会环境下不具有适应性的反应。

彭：所以，在某种意义上，你认为一种状况是否属于病态取决于它在当前环境下是否具有适应性。

波：你说得很对，并且我认为只要我们这么做，就只存在适不适应环境的行为，而不存在好的行为和坏的行为了。这能让我们摘掉一些道德标签，而这些标签一直在影响着那些难以调节自身状态、无法调用神经平台来支持更适当行为的人。

彭：去除污名是非常重要且相当强有力的事，能消除将我们置
于危险模式的道德情境与价值评判。

波：你真的已经理解了我们这个理论的核心，并且清楚该怎
么提炼理论，以融入与我们的安全需求相关的每一个环
节了。我们如果感觉不安全，就会长期处于评判和防御
的状态。但是，我们如果可以调用支持社会参与的神经
回路，就能调节允许社会参与行为自行发生的神经平台。
从多层迷走神经理论的角度来说，这就是治疗的目标。

彭：所以，这个观点是这样的：我们只要认识到这些有着明显
倾向的特定过程，重新定向、学习，并在某种程度上利
用这种我们必须了解和适应的潜能。

波：你说到了另一个重点。那就是，即使有这三个神经回路调
节状态，我们还是可以通过使用这个新近的哺乳动物社
会参与系统来调整两个防御回路，不过社会参与系统只
有在安全时才能用。因此，只要我们能轻松调用社会参
与系统，就能自由地在不进入战斗或逃跑状态的情况下
实现动员化。我们可以活动、玩耍，而不是战斗或逃跑。
虽然"战斗或逃跑"和玩耍行为都需要动员化，玩耍却
是通过维持面对面的社会参照来关闭防御状态的。

　　玩耍用社会参与系统来向周围发出信号，表示自己移动的意图不具有危险性和伤害性。你能在狗狗们的玩耍中看到这一点。它们彼此追逐，可能还会轻轻咬对方，但它们随即就会进行面对面接触，然后互换角色。如果观察在进行体育运动的人，我们可以发现，他们在运动期间打中了谁，便会用良好的眼神接触和社交沟通来消除对方的攻击性反应。但是，如果他们不小心打中了谁，却没有化解这一行为的后果就走开了，那么一场打斗可能在所难免。同样，在亲密行为中，非动员化神经回路也可能被社会参与回路所吸收。亲密行为可能最初从面对面的互动开始，跟着就是不带恐惧的非动员化状态。随着时间的推移，我们变得能够在他人的怀抱中安定下来。我一直在强调不带恐惧的非动员化的重要作用，因为对哺乳动物来说，非动员化可能是致命的。所以哺乳动物总是在动，除非它们在和彼此相处时感觉安全。

彭：我们是在说好的非动员化吗？

波：是的。"好"的非动员化反应，不带恐惧的非动员化反应，需要用社会参与系统和神经肽（如催产素）的特性来共同控制"带有恐惧的非动员化"相关的神经通路。功能上来说，在脑干的迷走神经背核这一调节系统发育较早的无髓鞘迷走神经的组织上，有催产素的受体。这一不带恐惧的非动员化系统使女性能够在分娩时不会昏迷或死亡。同样的"好"的非动员化系统让人们能毫无顾虑地拥抱依偎，并让妇女能够就地进行哺乳。系统发育较晚的结构最初是为防御而演化出来，现在已经被用于进行玩耍、繁殖和构建亲密关系了。

彭：所以我们在治疗中做的某些事，一定程度上就是在继续保持这种适应这一结构的能力。

波：我同意治疗的目标就是让来访者能通过在适当的环境中调用能有效抑制防御系统的神经回路，并合理利用系统发育较早的神经回路来获得更积极的结果，以此来体验到更大的灵活性。

彭：谢谢你，斯蒂芬。

术语列表

▶ **适应性行为**（adaptive behavior）

多层迷走神经理论侧重于关注自发性行为（spontaneous behavior）对生理状态调节的影响，强调其适应功能。这一观点基于这样一种演化模型：一种行为如果能够提高个体生存能力，最大程度减少痛苦，或者以优化健康、成长和恢复的形式影响生理状态，则可被解释为具有"适应性"。有时，最初具有适应性的行为可能会变得不再具有适应性。例如，如果某种最初能在威胁中提高生存能力和减少痛苦的行为在没有威胁的情境下仍被长期应用，这种转变就会发生。这些行为不再具有适应性，是因为它们已经不能对生存起到更多帮助作用，反而会损害生理功能并放大痛苦。创伤可能引发只在生命威胁情况下的适应性反应，比如非动员化和昏厥（passing out），但这样的反应如果在威胁不那么严重的情况下被反复激活或稍加改变，比如进入解离（dissociation）状态，就会变成适应不良的反应。

► **传入神经**（afferent nerve）

多层迷走神经理论侧重于关注由内脏器官向大脑传递信息的一部分传入神经纤维。它们也被称为感觉神经（sensory nerve），因为它们从器官向脑干的调节组织发出信号，传递关于器官状态的信息。

► **焦虑**（anxiety）

焦虑通常从心理学或精神病学的角度受到定义。从心理学的角度，焦虑被定义为恐惧或不安的感受。从精神病学的角度，焦虑被定义为焦虑症或相关病症。多层迷走神经理论则从心理感受背后的自主神经状态的角度来定义焦虑。该理论认为，当交感神经系统、社会参与系统（参见"社会参与系统"）同时受到"腹侧迷走神经回路"（参见"腹侧迷走神经复合体"）的抑制时，这种自主神经状态便会产生焦虑。

► **依恋**（attachment）

依恋是一种心理结构，反映了两个个体之间强烈的情感联系,例如母子关系。多层迷走神经理论关注社会参与系统（参见"社会参与系统"）中表现出的使依恋得以产生的安全特征。富有韵律的发声、正向的面部表情和表达欢迎的姿势通过神经觉（参见"神经觉"）激发安全感和信任感，当社会参与系统被激活时，这一反应就会自动产生。

▶ **自闭症**（autism）

自闭症谱系障碍（autism spectrum disorder, ASD）是一种包含交流障碍和人际交往困难等症状的复杂的精神疾病。多层迷走神经理论侧重于观察 ASD 症状中反映社会参与系统（参见"社会参与系统"）被压抑的特征。许多自闭症患者说话缺乏韵律；听觉过敏且有听觉处理困难，不能进行良好的眼神交流；面部，尤其是脸上半部表情贫乏，有严重的行为调节困难，表现为经常易发脾气。多层迷走神经理论并不关注这些问题的成因，而是乐观地假设，在理解了神经系统如何通过神经觉对安全信号作出反应之后，我们可以找到方法逆转在 ASD 患者身上观察到的被抑制的社会参与系统的许多特征。基于多层迷走神经理论的干预策略强调了社会参与系统的重新启动。除了社会参与系统的受抑制之外，该理论没有对 ASD 的特征作出其他假设。

▶ **自主神经平衡**（autonomic balance）

自主神经平衡是代表自主神经系统中交感神经与副交感神经分支之间平衡的一种结构。虽然部分器官同时接受自主神经系统两个分支的神经支配，但自主神经平衡假定了一个线性递增模型，其中，两条分支的影响程度相近。例如，交感神经系统使心率加快，而副交感神经系统则通过迷走神经（副交感神经系统的主要神经部分）降低心率，因此高心率通常被解释为自主神经平衡偏向交感神经兴奋的表现。相对地，低心率则被解释为偏向副交感神经兴奋的表现。

自主神经平衡尽管是一个常用术语，但更经常被用来表示自主神经系统的功能障碍（例如非典型自主神经平衡）。自主神经系统对挑战的反应有着不同的层级，而这种层级是按照人类演化的顺序排列的。从多层迷走神经理论的角度来看，关注自主神经平衡会使这种反应层级的重要性模糊掉。根据该理论，当有髓鞘腹侧迷走神经通路的社会参与系统参与活动时，一种独特的、支持膈下器官调控实现的最佳自主神经平衡状态就会出现。这种通过交感神经和无髓鞘背侧迷走神经通路实现的最佳自主神经平衡，是腹侧迷走神经通路被激活的产物。由于自主神经反应的层次性，腹侧迷走神经通路的激活能使自主神经系统的两个分支在调节膈下器官的同时免于触发防御机制。

▶ **自主神经系统**（autonomic nervous system，传统定义）

自主神经系统是不需要意识觉知就能调节体内器官的一部分神经系统，其名称表示调节过程具有"自主"性质。传统定义将自主神经系统分为交感神经系统和副交感神经系统两个子系统，强调这两种神经系统的运动通路对靶器官的拮抗作用，而不过多关注器官到大脑或到调节感觉和运动通路的脑干区域之间的、在器官和脑部之间提供双向信息交流的感觉通路。

▶ **自主神经系统**（autonomic nervous system，多层迷走神经理论的定义）

多层迷走神经理论关注迷走神经，即副交感神经系统的主要组成部分。迷走神经是第十对脑神经，连接脑干区域和部分内脏器官。多层迷走神经理论强调了通过迷走神经的两种运动通路（传出神经）的差异：起自脑干的不同区域，即迷走神经背核（dorsal nucleus of the vagus）和疑核（nucleus ambiguus）。起自迷走神经背核的主要运动通路，即背侧迷走神经没有髓鞘，终止于膈肌下方（即膈下迷走神经）的内脏器官。起自疑核的主要运动通路，即腹侧迷走神经有髓鞘，终止于膈肌上方（即膈上迷走神经）的内脏器官。

多层迷走神经理论对自主神经系统的定义更全面，包括了感觉通路，并且重视调节自主神经功能的脑干区域。该理论将脑干对腹侧迷走神经的调节与对面部和头部横纹肌的调节相联系，形成了一个综合性的社会参与系统（参见图1、"腹侧迷走神经复合体"与"社会参与系统"）。

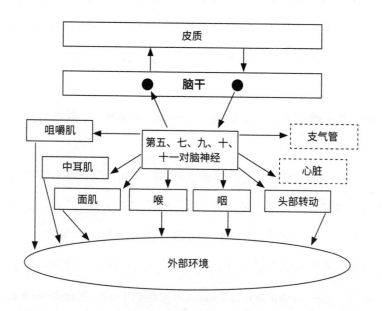

图1 社会参与系统

注：社会参与系统由躯体运动部分（实线方框）与内脏运动部分（虚线方框）组成。躯体运动部分包含调节面部和头部横纹肌的特殊内脏传出通路，而内脏运动部分包含调节心脏和支气管的有髓鞘膈上迷走神经。

　　传统观点关注自主神经对内脏器官的长期影响，而多层迷走神经理论关注自主神经的反应。多层迷走神经理论接受传统观点，将自主神经对内脏器官的长期影响解释为迷走神经和交感神经通路间成对拮抗作用的结果。同时，该理论也提出了一个系统发育上的顺序层级结构，其中自主神经子系统对挑战的反应顺序与其符合退化原则（参见"退化"）的演化历史相反。

　　该理论假定，当腹侧迷走神经和相关联的社会参与系统处于最佳运作状态时，自主神经系统才能支持健康、成长和自我恢复。此时，交感神经系统和通往膈下器官的背侧迷走神经通路之间会形成一种最佳的"自主神经平衡"。而当腹侧迷走神经的功能被抑制或停止时，自主神经系统则优先支持防御机制而不是健康的维持。根据多层迷走神经理论，这样的防御反应可能表现为交感神经活动的增加，这将抑制背侧迷走神经的活动，促进诸如战斗或逃跑行为的动员策略的实施；也可能表现为一种生物行为上的"关闭"（shutdown）状态，表现为交感神经激活的被抑制和背侧迷走神经影响的激增，这将导致运动行为受抑制、昏厥、排便等在哺乳动物的假死行为中很常见的现象。

▶ **自主神经状态**（autonomic state）

　　在多层迷走神经理论中，自主神经状态和生理状态是可以互换的概念。该理论描述了对自主神经状态进行选择性神经调节的三个主要回路：腹侧迷走神经、背侧迷走神经和交感神经回路，自主神经状态则反映这些通路的被激活程度。一般来说，有一点很重要，即每一种回路都为特定的状态提供主要的神经调节：腹侧迷走神经回路支持社会参与系统，交感神经系统支持动员式防御行为（战斗或逃跑），背侧迷走神经回路支持非动员式防御行为。但是，在腹侧迷走神经回路和社会参与系统（参见"自主神经平衡"和"社会参与系统"）被激活时，自主神经状态可以同时支持非防御性的动员化行为和非动员化行为。因此，结合社会参与系统和交感神经系统，就有机会在不转入防御状态的情况下激发动员化行为，这一点可以在玩耍中观察到。在玩耍中，社会参与行为克制住了攻击性动作。同样，当社会参与系统与背侧迷走神经回路相结合时，安全信号（如有韵律的声音、面部表情）能在不调动防御机制（如"关闭"、行为崩溃、解离）的情况下激发非动员化行为，这些能在亲密关系和信任关系中观察到。因此，通过社会参与、动员化行为和非动员化行为的结合，三种自主神经回路支持与不同行为类别相关的五种状态：社会参与、"战斗或逃跑"反应、玩耍、"关闭"状态和关系的亲密。

▶ **生物必要性**（biological imperative）

　　生物必要性是指生物体维持自身生存的需求，通常包括生存、领地、健康和繁殖。多层迷走神经理论强调了与他人联结这一需求是人类基本的生物必要性，通过这样的联结，人的生理状态能够得到共同调节，身心健康得以优化。理论重点关注社会参与系统在建立和巩固人际联结以及共同调节中起的作用。

▶ **生物性冒犯**（biological rudeness）

　　当社会参与系统通过腹侧迷走神经抑制自主神经系统的防御机制时，我们的神经系统演化出了预估他人的互惠性互动的能力。当这种神经预期被违反，即事实不符合预期，比如参与的信号遭到忽视或敌对反应时，自主神经系统就会立刻大幅度转变为支持防御的状态。这种事与愿违经常使人们产生受到伤害的情绪反应，个人叙事也会带有遭到冒犯的色彩。生物性冒犯是一种连锁反应：自发进入社会参与的互惠性互动的缺乏触发了自主神经的防御状态，继而引发了感觉受到冒犯的情绪反应，以及可能的攻击性行为反应。

▶ **边缘型人格障碍**（borderline personality disorder, BPD）

　　边缘型人格障碍是一种精神疾病，其症状包括情绪不稳定和情绪调节困难。从多层迷走神经理论的角度来看，心境调节和情绪调节有自主神经系统中神经调节功能的参与。因此，该理论提出了这样的假设：边缘型人格障碍与社会参与系统出现问题有关，尤其与腹侧迷走神经通路对交感神经激活的抑制效率有关。这一假设已经得到检验和证据支持（Austin, Riniolo, & Porges, 2007）。

▶ **联结**（connectedness）

多层迷走神经理论认为社会联结，即人与人之间的信任关系，是一种生物必要性。人类也能感受到和宠物的联结，因为宠物大都也是哺乳动物，也具有互惠性的社会参与系统。

▶ **共同调节**（co-regulation）

在多层迷走神经理论中，共同调节指个体之间生理状态的相互调节。例如，在母婴关系中，不只是母亲对婴儿进行安抚，婴儿对母亲的声音、面部表情和姿势做出放松和平静的反应，也对母亲产生了安抚的互惠性效果。如果母亲不能成功安抚她的婴儿，她自身的生理状态也会失调。共同调节的范围可以扩大到家庭等群体，例如，在经历过家庭成员的死亡之后，悲痛者的生物行为状态通常是由他人的在场所支持的。

▶ **脑神经**（cranial nerve）

与脊神经自脊髓各节发出不同，脑神经直接自大脑发出。脑神经在功能上是包含运动和感觉两条神经通路的导管，人类拥有十二对脑神经，它们分别是嗅神经（olfactory nerve, I）、视神经（optic nerve, II）、动眼神经（oculomotor nerve, III）、滑车神经（trochlear nerve, IV）、三叉神经（trigeminal nerve, V）、展神经（abducens nerve, VI）、面神经（facial nerve, VII）、前庭蜗神经（vestibulocochlear nerve, VIII）、舌咽神经（glossopharyngeal nerve, IX）、迷走神经（vagus nerve, X）、副神经（accessory nerve, XI）与舌下神经（hypoglossal nerve, XII）。除了迷走神经在部分内脏器官的感觉和运动神经之间传递信息之外，脑神经主要在头部和颈部之间传递信息。

▶ **控制论**（cybernetics）

麻省理工学院数学家诺伯特·维纳（Norbert Wiener）于1948年创造了"控制论"一词，以定义一门关于动物和机器的控制和通信的科学。多层迷走神经理论用控制论的概念来强调身体内部和个体之间调节生理状态的反馈回路。

► **假死 / 关闭系统**（death feigning/shutdown system）

在特定的条件下，哺乳动物的神经系统会回到一种原始的、看似无生命特征的防御状态。这种防御模式在爬行类或两栖类等脊椎动物身上经常出现，而且在哺乳动物这个种属出现之前就已演化出来。但是，哺乳动物需要消耗大量氧气，假死状态要求的非动员化将导致血液含氧量降低以及大脑无法得到足够的含氧血液以维持意识。这种大规模的自主神经功能抑制是由于背侧迷走神经回路被激活，它抑制了呼吸（呼吸暂停）并降低了心率（心动过缓）。多层迷走神经理论认为，当战斗或逃跑行为很难实施，如遭到监禁或无法逃离时，假死是对生命威胁的一种适应性反应。在生命受到威胁的情况下，神经系统可能通过神经觉返回去调用古老的非动员式防御系统。该理论在理解创伤反应时强调了这种生命威胁反应的各个方面，从功能性角度将创伤反应解释为身体对生命威胁的生理反应，这样的反应包括一系列假死状态的特征，比如昏厥（血管迷走神经性昏厥，vasovagal syncope）、排便和解离。

► **抑郁症**（depression）

抑郁症是一种常见且严重的心境障碍，会影响人的感觉、思想和行为。多层迷走神经理论认为，抑郁症表现出的生理状态可以用理论进行解释，包括社会参与系统的抑制和交感神经与背侧迷走神经通路间的协调异常，而后者可能导致行为状态在由交感神经的激活引发的高度亢奋，以及由交感神经活动的受抑制与背侧迷走神经活动的增加而引发的无精打采之间来回切换。

▶ **解离**（dissociation）

解离是一个失去在场感的过程，使人体验到思想、记忆、周边环境和行动之间的脱节和不连贯。对于许多人来说，解离是一种正常范围内的心理体验，表现为做白日梦。但对另外一些人来说，解离具有相当的破坏性，会导致身份意识的丧失，并在人际关系和日常生活中带来严重困难。创伤史经常会带来解离的严重破坏性影响，并可能导致精神疾病。

多层迷走神经理论将面对生命威胁时的解离反应解释为非动员化行为或假死防御反应的一部分，是生命威胁情况下的一种适应性反应；与长时间假死反应造成的影响不同，解离不会影响到神经生物学上个体对氧气和血液的需求。基于此理论，我们可以推测，个体对生命威胁的反应是有层级的，从小型哺乳动物的完全"关闭"状态和类似于假死反应的昏厥，到身体的非动员化，包括肌肉失去张力、精神从身体活动中抽离。

▶ **退化**（dissolution）

退化是哲学家赫伯特·斯宾塞（Herbert Spencer, 1820—1903）提出的概念，用以描述反向的演化。1884 年，约翰·休林斯·杰克逊（John Hughlings Jackson, 1835—1911）用它来描述大脑损伤和大脑疾病造成的一种类似"去演化"（de-evolution）的过程（演化较早的神经回路变得不受抑制）的影响。多层迷走神经理论则用退化概念解释系统发育顺序层级，即自主神经系统逐步层层回溯至较早演化出的神经回路以进行反应（另见"系统发育顺序层级"）。

▶ **背侧迷走神经复合体**（dorsal vagal complex）

背侧迷走神经复合体位于脑干，由迷走神经背核和孤束核两个核团组成。此区域通过终止于孤束核的迷走神经感觉通路和起自迷走神经背核、终止于内脏器官的运动传出通路两条通路对内脏器官的感觉信息进行整合和协调。孤束核和迷走神经背核都具有作用于内脏的组织，其特定区域与特定的内脏器官相关联。该核的运动通路含有无髓鞘的迷走神经通路，这些通过迷走神经的通路主要终止于膈下器官。值得注意的是，有一部分无髓鞘迷走神经通路也终止于膈上器官，比如心脏和支气管。这可能是早产儿心动过缓的机制，哮喘也有可能与之有关。

起自迷走神经背核的迷走神经通路在不同的出版物中也被称为背侧迷走神经、膈下迷走神经、无髓鞘迷走神经或植物性迷走神经。

▶ **传出神经**（efferent nerves）

传出神经是将信息从中枢神经系统（即大脑和脊髓）输送至靶器官的神经通路，也被称作运动纤维，因为它们发送着影响器官运作的信号。

▶ **肠神经系统**（enteric nervous system）

肠神经系统由网状的神经元系统组成，负责管理胃肠道系统的功能。肠神经系统嵌在胃肠道系统的内壁中，由食道开始，一直延伸到肛门。肠神经系统尽管在很大程度上受到自主神经系统很大程度的支配，但也有能力发挥自主功能。多层迷走神经理论假设肠神经系统的最优运作取决于腹侧迷走神经回路（参见"腹侧迷走神经复合体"）的激活，而参与防御机制的背侧迷走神经回路（参见"背侧迷走神经复合体"）在这时不会被激活。

▶ **"战斗或逃跑"防御系统**（fight/flight defense system）

战斗和逃跑行为是哺乳动物主要的动员式防御行为。交感神经系统的激活是支持战斗或逃跑行为代谢需求的必要条件，腹侧迷走神经回路和综合的社会参与系统的被抑制能提高交感神经系统被激活的效率和程度，从而支持战斗或逃跑行为的代谢需求。

▶ **心率变异性**（heart rate variability）

心率变异性反映了两次心跳之间的时间变化。一颗健康的心脏不会以恒定的速度跳动，只有失去神经支配的心脏才会以相对恒定的速度跳动。心率的变化多半受迷走神经，尤其受有髓鞘腹侧迷走神经（参见"腹侧迷走神经复合体"）的影响，表现为呼吸性窦性心律不齐（respiratory sinus arrhythmia，RSA，参见"呼吸性窦性心律不齐"）。影响心率变异性的因素也可能来自背侧迷走神经，如果我们用药物阿托品（atropine）阻断迷走神经对心脏的影响，则几乎可以消除所有的心率变异性。

▶ **内稳态**（homeostasis）

内稳态反映了一些神经和神经化学过程，我们的身体通过这些过程调节内脏器官，以优化健康、成长和恢复功能。虽然"内稳态"一词源自希腊语，意为"相同"或"稳定"，但我们最好还是将它理解为围绕一个"预设点"波动的负反馈系统的结果。在某些生理系统中，大幅波动（即有节奏地偏离预设点）是健康的正面指标，比如 RSA；而在其他一些情况下则是负面指标，比如血压变异性。生理系统中的波动主要是神经和神经化学反馈机制的一种体现。

▶ **内感知**（interoception）

内感知是一种描述神经系统对身体状态的有意识感受和无意识调控的过程。与其他感觉系统类似，内感知有四个组成部分：（1）位于内部器官的感受器，可以评估内部状况；（2）将信息从器官传递给大脑的感觉通路；（3）解释感觉信息、根据变动的内环境调节器官反应的脑结构；（4）从大脑向器官传递信息，改变器官状态的运动通路。在多层迷走神经理论中，内感知是指向大脑提供生理状态改变信号的过程（Porges, 1993）。在存在风险信号或安全信号的情境中，内感知会发生于神经觉之后。内感知可能引发个体对身体反应的意识觉知；相反，神经觉的发生是没有意识觉知的。

► **聆听**（listening）

聆听是一种主动理解呈现出的声学信息的过程。与之相比，听到（hearing）则是对声学信息的侦测。多层迷走神经理论强调了中耳结构在强化聆听和理解人声方面所起的作用。

► **听力项目治疗方案**（Listening Project Protocol, LPP）

LPP是一种听力干预，旨在缓解听觉过敏，改善听觉处理能力，缓和生理状态，并支持自发的社会参与行为。这一干预现在被称为"安全与声音治疗方案"（Safe and Sound Protocol, SSP）。SSP服务只由综合听力系统（Integrated Listening System）向专业人员提供（http://integratedlistening.com/ssp-safe-sound-protocol/）。

与在听觉处理障碍治疗中强调中枢结构在人声处理中作用的常用原则不同的是，LPP或SSP理论上是通过调动中耳肌的抗掩蔽功能来减少听觉过敏反应，优化中耳处理人声过程中的传递功能。LPP或SSP的原理是基于一个用计算机处理过的声学刺激来调整传递给参与者的频段的"锻炼"模型。理论上来说，这些声学刺激的频段特性是根据记录的频段和从背景声音中提取人声的现代技术的权重选出的。在正常听人说话时，中耳肌通过下行的中枢机制收缩，使听骨链变硬。这一过程改变了中耳的传输功能，有效去除了大部分被"掩蔽"的低频背景声，使人声能得到高级大脑结构更有效的处理。与夸张化的发声韵律相似，对人声频率内的声能进行调整，被假设为能调动和调整中耳肌的神经调节，通过增强腹侧迷走神经通路对心脏的影响，在功能上减少听觉过敏反应，刺激自发的社会参与，缓和过度的生理反应。

理论上，对声乐的处理是为了"锻炼"中耳肌的神经调节，从而提高个体对人声的听觉处理能力。干预刺激由正常人声范围内的声学刺激调制而成，通过耳机传递给参与者的双耳。干预方案为：在无干扰的静室内使用音乐播放器，每天进行 60 分钟聆听训练，连续 5 天，同时医生、家属或研究员在旁监护，以提供社会支持，确保参与者保持平静（Porges et al., 2013, 2014; Porges & Lewis, 2010）。

► **中耳肌**（middle ear muscle）

中耳肌指位于中耳的两块体内最小的横纹肌——鼓膜张肌和镫骨肌。中耳是听觉系统位于鼓膜和耳蜗（内耳）之间的部分，包括听骨和调节听骨链硬度的肌肉。这些肌肉紧张起来时会使听骨链变硬，增加鼓膜的张力。这一过程改变了传到内耳的声音特性，而内耳会将声音转化为神经信号，再传递到大脑。

中耳肌的紧张减少了低频音的影响，功能上提高了个体处理人声的能力。中耳肌受特殊内脏传出神经通路调节（见图1与"特殊内脏传出神经通路"）。

▶ **中耳传输功能**（middle ear transfer function）

随着中耳肌张力改变，通过中耳传递向内耳的声能也会发生变化。1989年，博格（Erik Borg）和康特（S. Allen Counter）在他们的研究中，描述了中耳肌在通过抑制低频噪声从外部环境向内耳的传输以促进人声提取方面的作用。博格和康特的理论模型解释了听觉过敏作为包括调节中耳镫骨肌的神经通路在内的面神经偏侧麻痹的贝尔麻痹（Bell's palsy）症状的原因。他们也为通过LPP或SSP（参见"听力项目治疗方案"）的练习来恢复中耳肌的神经调节能力，个体的听觉处理能否得到增强的研究提供了科学基础（Borg and Counter, 1989）。由中耳传输功能正常化到心脏迷走神经调节改善的推断是基于波格斯和格雷格·刘易斯（Greg Lewis）2010年阐述的理论模型得出的，并与多层迷走神经理论（Porges, 2011）中描述的社会参与系统相关。

▶ **神经预期**（neural expectancy）

在多层迷走神经理论中，神经预期指的是我们神经系统中的一种倾向，即对自发的社会参与行为的互惠性反应的预期。神经预期促进了个体的社交互动、联结和信任的建立。神经预期被满足，个体的状态就能保持稳定；而如果违反了这样的预期，则可能触发生理上的防御反应（相关见"玩耍"和"神经练习"）。

▶ **神经练习**（neural exercise）

多层迷走神经理论关注特定的、为优化生理状态调节提供机会的神经练习。根据该理论，通过社交互动实现的生理状态的片刻中断和恢复的神经练习，将催生更强的心理韧性。躲猫猫等玩耍行为就是家长们经常和孩子一起进行的神经练习。

▶ **神经觉**（neuroception）

神经觉指神经系统在不需要觉知参与的情况下评估风险的过程，由脑部负责评估安全、危险和生命威胁信号的区域执行。一旦神经觉侦测到这些信号，生理状态就自动转变以增强生存能力。虽然我们通常觉察不到触发神经觉的信号，但我们能觉察到生理状态的变化（即"内感知"），有时，我们会在肠道或心脏体验到这种感觉，或是一种感应到周围有危险的直觉。另外，这一系统也会触发支持建立信任、实施社会参与行为和建立牢固关系的生理状态。神经觉并不总是正确，出错的神经觉可能在安全的情况下侦测到危险信号，或者在危险临近时报告安全信号。

▶ **疑核**（nucleus ambiguus）

疑核位于迷走神经背侧运动核的腹侧脑干。疑核中的细胞含有与舌咽神经、迷走神经和副神经三条脑神经相关的运动神经元，这些神经通过躯体运动通路控制咽部、喉部、食道和颈部的横纹肌，通过有髓鞘的腹侧迷走神经通路控制支气管和心脏。

▶ **孤束核**（nucleus of the solitary tract）

孤束核位于脑干，是迷走神经的主要感觉核。

▶ **催产素**（oxytocin）

催产素是一种哺乳动物激素，也是大脑中的一种神经递质，主要在大脑中产生，由脑垂体分泌。催产素在女性身体里的作用是调节分娩和哺乳等生殖功能，但它其实是一种两性个体都会分泌的激素，它在大脑中参与社会认知和社会认可。催产素的社会功能与催产素对脑干中涉及腹侧和背侧迷走神经复合体的区域产生的影响有关。由于这两种迷走神经复合体都有大量的催产素受体，许多由催产素产生的有益特质与多层迷走神经理论中描述的社会参与和不带恐惧的非动员化的有益特质是重合的。

▶ **副交感神经系统**（parasympathetic nervous system）

副交感神经系统是自主神经系统的两个主要分支之一。该系统的主要神经通路是迷走神经，主要支持健康、成长和恢复功能。然而，多层迷走神经理论强调，在某些有生命威胁的情况下，平时负责维持内稳态和健康的特定迷走神经通路，会做出防御反应，抑制与健康相关的功能。

▶ **生理状态**（physiological state）

参见"自主神经状态"。

▶ **系统发育顺序层级**（phylogenetically ordered hierarchy）

多层迷走神经理论指出，自主神经系统的组成部分在遭遇问题时的反应遵循一个层级结构，系统发育较新近的神经回路会率先反应。这种与演化顺序相反的模式与杰克逊式的退化原则是相同的（参见"退化"）。从功能上讲，反应的顺序依次是有髓鞘的腹侧迷走神经、交感神经系统、无髓鞘的背侧迷走神经。

▶ **系统发育学**（phylogeny）

系统发育学是描述物种演化史的科学。作为一门科学，它为生物体的分类提供了演化学层面的方法。多层迷走神经理论关注脊椎动物自主神经功能在系统发育上的转变，尤其重视已灭绝的远古爬行动物向哺乳动物的转变。

▶ **玩耍**（play）

多层迷走神经理论将互动性的玩耍定义为一种"神经练习"，它能强化生理状态的共同调节，促进支持身心健康的神经机制的正常运作。作为一种神经练习，互动性的玩耍要求个体之间同步的互惠行为，以及对彼此社会参与系统的了解。对社会参与系统的调动能确保被激活的参与动员化行为的交感神经不会掌控整个神经系统，从而避免玩耍行为转变成攻击行为。

▶ **创伤后应激障碍**（post-traumatic stress disorder, PTSD）

PTSD 是一种精神疾病诊断，反映经历性侵犯、重伤、战争、地震、飓风或严重意外事故等创伤性事件的结果。多层迷走神经理论侧重于个体对事件的反应而不是事件本身的性质，这种有侧重的关注源自一项观察结果，即个体对同一创伤性事件的反应存在巨大差异。一件创伤性事件可能对一个人来说是毁灭性的，会彻底破坏他的生活，但对其他人来说可能无足轻重，不会造成太大影响。由于反应和恢复进程存在范围，多层迷走神经理论侧重于理解人体的种种反应，以推断自主神经状态在神经调节上的转变，并强调通过背侧迷走神经通路来调节对生命威胁的反应。根据这一理论，许多与 PTSD 相关的问题都是对生命威胁的反应出现后的表征，表现为社会参与系统功能失调、交感神经系统或背侧迷走神经回路做出防御反应的阈限较低。

▶ **韵律**（prosody）

韵律是指传达情绪的语音语调。多层迷走神经理论强调，韵律是由迷走神经机制介导调节的，且与心率变异性相似（即 RSA 的原理），传递关于生理状态的信息。

▶ **呼吸性窦性心律不齐**（respiratory sinus arrhythmia, RSA）

RSA 的特征是心率以自主呼吸（spontaneous breathing）的频率有节律地提速或放慢。这种周期性心率变动的振幅是测算腹侧迷走神经对心脏影响的一个有效指标（Lewis et. al., 2012）。

▶ 安全（safety）

多层迷走神经理论提出了一个关于安全和信任的神经生理学模型。该模型强调，安全是由"感觉安全"而非"威胁的移除"来定义的。"感觉安全"依赖于三个条件：（1）自主神经系统不处于防御状态；（2）社会参与系统需要被激活以抑制交感神经的激活，并在功能上将交感神经系统和背侧迷走神经回路的活动控制在一个最佳的范围内（内稳态），以支持健康、成长和恢复功能；（3）神经觉能侦测到安全信号（如富有韵律的发声、正面的面部表情和姿势）。在日常情况下，安全信号能通过神经觉过程激活社会参与系统，以此触发连锁反应，将自主神经系统控制在内稳态的范围内，并限制自主神经状态做出防御反应。这种自主神经状态的限制范围被称为耐受窗口（window of tolerance，参见 Ogden et. al. 2006; Siegel, 1999），可以通过神经练习等疗法来扩大。

▶ 治疗环境中的安全（safety in therapeutic settings）

从多层迷走神经理论的角度来看，"感觉安全"是影响包括医疗程序、心理疗法和心理教育在内的许多治疗操作有效性的重要调节变量。该理论假设生理状态（自主神经状态）是影响治疗效果的一个中介变量。更具体地说，理论认为，要想保证治疗的有效和高效，就需要让自主神经系统不处于防御状态。通过腹侧迷走神经通路（参见"腹侧迷走神经复合体"）激活社会参与系统，使自主神经系统能够支持健康、成长和恢复功能。在这样的安全状态下，自主神经系统不会那么容易参与到防御当中。值得注意的是，这种将"感觉安全"作为治疗前提的原则并没有很好地融入教育、医疗和心理健康治疗模型。此外，很少有人会检查治疗所处的物理环境，筛查各种通过神经觉触发自主神经防御状态的信号，例如低频背景声、街道噪声、通风系统噪声、电直梯/电扶梯的震动等，这将对治疗效果产生干扰。

▶ **自我调节**（self-regulation）

　　自我调节经常被用来形容个体不用他人帮助的情况下调节自身行为的能力，通常是判断儿童在课堂或新环境中做事的能力的一种关键特征。多层迷走神经理论认为自我调节不是一种习得技能，而是神经系统的一种在没有接收到来自他人的安全信号的情况下维持安全感的能力。该理论认为个体可以通过共同调节培养自我调节能力，同时强调，个体之间的共同、同步和互惠性互动决定了共同调节是一种神经练习，能在缺乏共同调节时增强自我调节能力。

► **唱歌**（singing）

多层迷走神经理论认为唱歌是社会参与系统中的一种神经练习。唱歌需要缓慢呼气，同时控制头肌和面肌，来产生我们认为是声乐的调制声音。缓慢呼气通过加强腹侧迷走神经回路对心脏的影响来稳定自主神经状态。在呼吸的呼气阶段，迷走神经运动纤维向心脏发送抑制性信号（即"迷走神经刹车"）以减缓心率；而在吸气阶段，迷走神经对心脏影响减弱，心率重新加快。与吸气的时长相比，唱歌需要更长的呼气时间，这会促成迷走神经介导的平静生理状态。唱歌的过程结合了"迷走神经刹车"的开闭运动与头肌和面肌的调节运动（包括面肌、用于聆听的中耳肌和用于发声的咽喉肌）。因此，唱歌提供了一个综合锻炼整个社会参与系统的机会。吟唱、朗诵和演奏乐器也能锻炼这个系统。

► **单次试验学习**（single trial learning）

单次试验学习是一种特定类型的学习，发生在单一配对的反应和刺激之间，并且不会因为反复暴露在刺激中而逐渐强化。多层迷走神经理论认为，大多数单次试验学习的案例发生在具有背侧迷走神经回路特征的反应中。此外，该理论还提出，个体面对生命威胁时的"关闭"反应往往发生在 PTSD 之前，这也是单次试验学习的一种表现。因此，条件反射中存在排便、假死、昏厥和恶心的单次试验学习范式也许能使我们获得疗愈创伤幸存者的启示。

▶ **躯体运动**（somatomotor）

躯体运动通路是调节横纹肌的运动通路。调节面部和头部横纹肌的通路通过脑神经，而调节四肢和躯干肌肉的通路则通过脊神经（相关见"社会参与系统"）。

▶ **社会参与系统**（social engagement system）

如图 1 所示，社会参与系统由躯体运动部分和内脏运动部分组成。躯体运动部分包含特殊内脏传出通路（参见"特殊内脏传出通路"），而内脏运动部分包含调节心脏和支气管的有髓鞘膈上迷走神经。从功能上来说，社会参与系统产生于协调心脏与头肌和面肌的脸-心联系回路，这一系统的最初功能是协调吮吸、吞咽、呼吸、发声。而该系统在生命早期出现的非典型协调功能是衡量个体未来社交行为和情绪调节难度的一种指标。

► **特殊内脏传出通路**（special visceral efferent pathway）

特殊内脏传出纤维起自脑干的运动神经核（疑核、面部运动神经核与三叉神经运动神经核），这些核团由胚胎的腮运动柱 [branchiomotor column，即原始的鳃弓（gill arch）] 发育而成，支配与咽弓（pharyngeal arch）相关的横纹肌纤维，包括参与进食的咀嚼肌、参与情绪表达的面肌、参与发声的咽喉肌，以及参与聆听的中耳肌。特殊内脏传出通路构成了社会参与系统（见图 1）的躯体运动部分（相关见"社会参与系统"）。

► **膈下迷走神经**（subdiaphragmatic vagus）

膈下迷走神经是连接脑干区域与膈肌下方器官的迷走神经分支，这一分支神经的运动纤维主要起自迷走神经背核，且基本是无髓鞘的。

► **膈上迷走神经**（supradiaphragmatic vagus）

膈上迷走神经是连接脑干区域与膈肌上方器官（例如心脏和支气管，见图 1）的迷走神经分支，这一分支神经的运动纤维主要起自疑核，即腹侧迷走神经在脑干中的源核，且基本是有髓鞘的。

▶ **交感神经系统**（sympathetic nervous system）

交感神经系统是自主神经系统的两个主要分支之一，功能是促进全身的血液流动以支持运动。多层迷走神经理论关注交感神经系统在增加心排血量、支持运动和"战斗或逃跑"行为中的作用。

▶ **味觉厌恶**（taste aversion）

味觉厌恶是单次试验学习（参见"单次试验学习"）的一个例子。一般来说，味觉厌恶产生于摄入某种食物而引发恶心或呕吐之后。研究发现，接受过诱发恶心的化疗患者会对治疗中接触的正常饮食产生味觉厌恶。多层迷走神经理论指出，味觉厌恶持续存在之下的神经活动也许可以帮助我们更好地理解神经系统如何解释和应对创伤，以及为什么创伤难以治疗。

▶ **迷走传入神经**（vagal afferent）

迷走神经中大约 80% 的神经纤维是传入纤维（感觉纤维）。大部分迷走神经感觉纤维起自内脏，延伸至脑干中一个被称为孤束核的区域。值得注意的是，医学教育对迷走传入神经的理解非常有限。因此，医学治疗很少承认被治疗的器官传达至大脑的反馈可能产生的影响。改变感觉反馈有影响身心健康的可能。

▶ **迷走神经刹车**（vagal brake）

迷走神经刹车反映了迷走神经通路对心脏产生的抑制性作用，它降低了心脏搏动的固有速率。如果迷走神经不再对心脏造成影响，心率会在交感神经兴奋状态不变的情况下自发加速。年轻健康的成年人的固有心率大约是每分钟搏动 90 次，但由于迷走神经的"刹车"作用产生的影响，基准心率明显要慢一些。迷走神经刹车代表迷走神经对心脏搏动影响的产生和消除。尽管无髓鞘迷走神经纤维似乎在早产新生儿的心动过缓中起着作用，这一过程尚未被概念化为迷走神经刹车结构。因此，临床上的心动过缓是迷走神经刹车的结果这一论点应当得到澄清，我们应强调它是通过一种与保护性腹侧迷走神经影响不同的迷走神经机制实现的。

▶ **迷走神经悖论**（vagal paradox）

我们一度以为迷走神经对内脏的影响都具有保护性质，但是迷走神经的影响也可能因使心跳停止而致命，或者因引起昏厥和排便而损伤身体，这些通常与恐惧联系在一起的反应，都是迷走神经的杰作。迷走神经悖论最早是在对早产儿的研究中发现的，其中发生的 RSA 具有保护性，但心动过缓却可能是致命的。这就形成了一种悖论，因为 RSA 和心动过缓都是迷走神经机制形成的。多层迷走神经理论将这些反应与不同的迷走神经通路相联系，从而解答了这一矛盾。

▶ **迷走神经张力**（vagal tone）

迷走神经张力，或者更准确地说，心脏迷走神经张力的形成，通常与有髓鞘的腹侧迷走神经通路对心脏的振奋作用有关，并常以 RSA 的幅度为指标。

▶ **迷走神经**（vagus）

迷走神经是第十对脑神经，是自主神经系统中副交感神经系统分支的主要神经。迷走神经就像导管，容纳了起自疑核与迷走神经背核的运动神经通路，以及终止于孤束核的感觉神经纤维。迷走神经连接脑干区域与全身各处的结构，包括颈部、胸部和腹部。多层迷走神经理论强调脊椎动物自主神经系统的系统发育上的变化，并重点关注随着哺乳动物出现而发生的迷走神经运动通路的独特变化。

▶ **植物性迷走神经**（vegetative vagus）

参见"背侧迷走神经复合体"。

▶ **腹侧迷走神经复合体**（ventral vagal complex）

腹侧迷走神经复合体是脑干中参与心脏，支气管，头部、面部横纹肌调节的一个区域（参见图 1）。具体来说，这一复合体包括疑核和三叉神经-面部神经核团，这两个核团通过内脏运动通路调节心脏和支气管，通过特殊内脏传出通路调节咀嚼肌、中耳肌、面肌、咽喉肌和颈肌（相关见"社会参与系统"）。

▶ **内脏运动神经**（visceromotor nerve）

内脏运动神经是自主神经系统中的一种运动神经，主要调节平滑肌、心肌和腺体（相关见"社会参与系统"）。

▶ **瑜伽与社会参与系统**（yoga and the social engagement system）

多层迷走神经理论将包括呼吸训练的瑜伽运动解释为迷走神经刹车（参见"迷走神经刹车"）的一种特殊的神经练习。调息瑜伽（pranayama yoga）功能上是一种社会参与系统的瑜伽，因为它同时涉及呼吸以及面部、头部横纹肌（见图 1）的神经练习。

致 谢

经过研究和思考，1994 年 10 月 8 日，我提出了多层迷走神经理论（Porges, 1995）。那天在亚特兰大，作为心理生理学研究学会主席，我在演讲中介绍了这一模型及其理论意义，但那时的我并没有想到这一理论会被临床医生们接纳。我将这一理论概念化为业内可检验假设的结构。跟我最初的预期一致，它在科学领域产生了影响，被若干学科的数千种同行评审出版物引用。然而，这一理论的作用主要是为经历过创伤的人所描述的一些经历提供合理的神经生理学解释。对这些人而言，该理论有助于他们理解自己的身体如何对生命威胁做出反应，以及为何会失去恢复到安全状态的心理韧性（resilience）。

在我整理想法并形成理论的过程中，有几个人给了我很大帮助。首先，我要感谢我的妻子苏·卡特（Sue Carter）。四十多年来，她是一个很好的聆听者，而且经常与我进行思想交流，见证着一个个想法的诞生，而正是这些想法奠定了多层迷走神经理论的基石。她的"催产素（oxytocin）在社会连接（social bond）方面的作用"这项具有里程碑意义的发现，以及她对社交行为的神经生物学原理的广泛兴趣，使我的思考集中到了自主神经系统和生理状态的作用上。自主神经系统（autonomic nervous system）和生理状态不只作用于生理健康，还作用于社交行为。没有她长久以来的支持、爱和求知欲，多层迷走神经理论就不会发展起来。对她的贡献，我致以由衷的感谢。

与许多同事的专业研究、创伤治疗不同，创伤不是我研究的重点，也不在我的理论分析框架中，但如果没有创伤学专家对多层迷走神经理论的兴趣，这一理论就无法对创伤治疗作出贡献。这要归功于三位创伤学的先驱彼得·莱文（Peter Levine）、巴塞尔·范德考克（Bessel van der Kolk）和帕特·奥格登（Pat Ogden）。他们对我的工作影响深远，并且慷慨地欢迎我一起进行创伤破坏性影响的研究和恢复工作，我衷心感谢这一切。他们帮助来访者时常怀热情，求学求知时勉力投入，对理解经历创伤和从创伤中恢复的过程充满好奇，这使得他们将我的理论见解纳入了他们的治疗模型。

通过与彼得、巴塞尔和帕特的联系，我参加了数十场关于创伤的会议和研讨会。在这期间，我了解到创伤对相当一部分人造成了刻骨的伤害，注意到这些创伤幸存者在生活中往往没有机会去理解他们的身体对创伤的反应，也没有机会去恢复自我调节和调控生理行为状态的能力。其中的许多人在讨论他们的经历时会受到二次伤害——因失去了危机反应能力受到指摘；另一些人则因身体没有明显问题而心理有问题备受责备。

我想要感谢西奥·基尔多夫（Theo Kierdorf）在本书编写过程中所作的贡献，是他提出了根据与临床医生的访谈记录编写一本书的构想。他不仅是本书德文版[1]的译者，还积极参与了对大部分材料的筛选、编辑和整理工作，我真心感谢他的洞察力和对我的文字作品进行专题组织的能力。西奥和我合作完成了德文版多层迷走神经理论的入门介绍部分[2]，此外，他还帮助我理解了记录型写作与交流型写作的区别。作为一名科学家，我写作的目的一直是记录；通过与西奥的交流，我更好地明白了应该怎样完善科学写作，以此来加强沟通交流的效果。对西奥为本书作出的贡献，和他为使多层迷走神经理论更通俗易懂作出的真切努力，我深表感激。

---

[1] Porges, S.W. (2017) *Die Polyvagal-Theorie und die Suche nach Sicherheit: Traumabehandlung, soziales Engagement und Bindung.* Lichenau, Germany: G.P. Probst Verlag.——原注

[2] Porges, S. W. (2010). *Die Polyvagal-Theorie: Neurophysiologische Grundlagen der Therapie.* Paderborn, Germany: Junfermann Verlag.——原注

在此特别感谢"诺顿丛书"编辑德博拉·马尔穆特（Deborah Malmud）。她耐心地与我一起工作，将我的初稿转变成了传播多层迷走神经理论的通俗易懂的出版物。

参考文献

Austin, M. A., Riniolo, T. C., & Porges, S. W. (2007). Borderline personality disorder and emotion regulation:Insights from the Polyvagal Theory. *Brain and cognition*, 65(1), 69–76.

Borg, E., & Counter, S. A. (1989). The middle-ear muscles. *Scientific American*, 261(2), 74–80.

Darwin, C. (1872). *The Expression of Emotions in Man and Animals*. London: John Murray.

Descartes, R. (1637). *Discourse on Method and Meditations* (L. J. Lafleur, trans.). New York, NY: Liberal Arts Press. Original work published.

Hall, C. S. (1934). Emotional behavior in the rat: I. Defecation and urination as measures of individual differences in emotionality. *Journal of Comparative Psychology*, 18(3), 385.

Hering, H. E. (1910). A functional test of heart vagi in man. *Menschen Munchen Medizinische Wochenschrift, 57,* 1931–1933.

Hughlings Jackson, J. (1884). On the evolution and dissolution of the nervous system. Croonian lectures 3, 4, and 5 to the Royal Society of London. Lancet, 1, 555–739.

Lewis, G. F., Furman, S. A., McCool, M. F., & Porges, S. W. (2012). Statistical strategies to quantify respiratory sinus arrhythmia: are commonly used metrics equivalent?. *Biological Psychology, 89*(2), 349–364.

Ogden, P., Minton, K., & Pain, C. (2006). *Trauma and the Body: A Sensorimotor Approach to Psychotherapy.* New York, NY: W. W. Norton & Co., Inc.

Porges, S. W. (1972). Heart rate variability and deceleration as indexes of reaction time. *Journal of Experimental Psychology, 92*(1), 103–110.

Porges, S. W. (1973). Heart rate variability: An autonomic correlate of reaction time performance. *Bulletin of the Psychonomic Society, 1*(4), 270–272.

Porges, S. W. (1985). *U.S. Patent No. 4,510,944.* Washington, DC:

U.S. Patent and Trademark Office.

Porges, S. W. (1992). Vagal tone: a physiologic marker of stress vulnerability. *Pediatrics*, *90*(3), 498–504.

Porges, S. W. (2003). The infant's sixth sense: Awareness and regulation of of bodily processes. Zero to Three: Bulletin of the National Center for Clinical Infant Programs 14:12–16.

Porges, S. W. (1995). Orienting in a defensive world: Mammalian modifications of our evolutionary heritage: A polyvagal theory. *Psychophysiology*, *32*(4), 301–318.

Porges, S. W. (1998). Love: An emergent property of the mammalian autonomic nervous system. *Psychoneuroendocrinology*, *23*(8), 837–861.

Porges, S. W. (2003). Social engagement and attachment. *Annals of the New York Academy of Sciences*, *1008*(1), 31–47.

Porges, S. W. (2004). Neuroception: A Subconscious System for Detecting Threats and Safety. *Zero to Three (J)*, *24*(5), 19–24.

Porges, S. W. (2007). The polyvagal perspective. *Biological Psychology*, *74*(2), 116–143.

Porges, S. W. (2011). *The Polyvagal Theory: Neurophysiological Foundations of Emotions, Attachment, Communication, and*

Self-Regulation. Norton series on interpersonal neurobiology.
New York, NY: W. W. Norton & Co., Inc.

Porges, S. W., & Lewis, G. F. (2010). .The polyvagal hypothesis: common
mechanisms mediating autonomic regulation, vocalizations and
listening. *Handbook of Behavioral Neuroscience, 19*, 255–264.

Porges, S. W., & Lewis, G. F. (2011). *U.S. Patent Application No.
13/992,450.*

Porges, S. W., Macellaio, M., Stanfill, S. D., McCue, K., Lewis,
G. F., Harden, E. R., Handelman, M., Denver, J., Bazhenova,
O.V., & Heilman, K. J. (2013). Respiratory sinus arrhythmia
and auditory processing in autism: Modifiable deficits of an
integrated social engagement system?. *International Journal
of Psychophysiology, 88*(3), 261–270.

Porges, S. W., Bazhenova, O. V., Bal, E., Carlson, N., Sorokin, Y.,
Heilman, K. J., Cook, E. H. & Lewis, G. F. (2014). Reducing
auditory hypersensitivities in autistic spectrum disorder:
preliminary findings evaluating the listening project protocol.
Frontiers in Pediatrics. doi:10.3389/ fped.2014.00080.

Porges, S. W. & Raskin, D. C. (1969). Respiratory and heart rate
components of attention. *Journal of Experimental Psychology*.

81:497–501

Siegel;. D. J. (1999). *The Developing Mind*. New York: Guilford.

Stewart, A. M., Lewis, G. F., Heilman, K. J., Davila, M. I., Coleman, D. D., Aylward, S. A., & Porges, S. W. (2013). The covariation of acoustic features of infant cries and autonomic state. *Physiology & Behavior*, *120*, 203–210.

Stewart, A. M., Lewis, G. F., Yee, J. R., Kenkel, W. M., Davila, M. I., Carter, C. S., & Porges, S. W. (2015). Acoustic features of prairie vole (Microtus ochrogaster) ultrasonic vocalizations covary with heart rate. *Physiology & Behavior*, *138*, 94–100.

Stern, J. A. (1964). Toward a definition of psychophysiology. *Psychophysiology*, *1*(1), 90–91.

Woodworth, R. S. (1929). *Psychology*. New York, NY: Holt.

Wiener, N. (1954). *The Human Use of Human Beings: Cybernetics and Society* (No. 320) Da Capo Press.

更多多层迷走神经理论参考文献

Bal, E., Harden, E., Lamb, D., Van Hecke, A. V., Denver, J. W., & Porges, S. W. (2010). Emotion recognition in children with autism spectrum disorders: Relations to eye gaze and autonomic state. *Journal of Autism and Developmental Disorders, 40*(3), 358–370.

Carter, C. S., & Porges, S. W. (2013). The biochemistry of love: an oxytocin hypothesis. *EMBO reports, 14*(1), 12–16.

Dale, L. P., Carroll, L. E., Galen, G., Hayes, J. A., Webb, K. W., & Porges, S. W. (2009). Abuse history is related to autonomic regulation to mild exercise and psychological well-being. *Applied Psychophysiology and Biofeedback, 34*(4), 299–308.

Flores, P. J., & Porges, S. W. (2017). Group Psychotherapy as a Neural Exercise: Bridging Polyvagal Theory and Attachment Theory. *International Journal of Group Psychotherapy, 67*(2), 202–222.

Geller, S. M., & Porges, S. W. (2014). Therapeutic presence: Neurophysiological mechanisms mediating feeling safe in therapeutic relationships. *Journal of Psychotherapy Integration, 24*(3), 178.

Grippo, A. J., Lamb, D. G., Carter, C. S., & Porges, S. W. (2007). Cardiac regulation in the socially monogamous prairie vole. *Physiology & Behavior, 90*(2), 386–393.

Grippo, A. J., Lamb, D. G., Carter, C. S., & Porges, S. W. (2007). Social isolation disrupts autonomic regulation of the heart and influences negative affective behaviors. *Biological Psychiatry*, *62*(10), 1162–1170.

Heilman, K. J., Bal, E., Bazhenova, O. V., & Porges, S. W. (2007). Respiratory sinus arrhythmia and tympanic membrane compliance predict spontaneous eye gaze behaviors in young children: A pilot study. *Developmental Psychobiology*, *49*(5), 531–542.

Heilman, K. J., Connolly, S. D., Padilla, W. O., Wrzosek, M. I., Graczyk, P. A., & Porges, S. W. (2012). Sluggish vagal brake reactivity to physical exercise challenge in children with selective mutism. *Development and Psychopathology*, *24*(01), 241–250.

Heilman, K. J., Harden, E. R., Weber, K. M., Cohen, M., & Porges, S. W. (2013). Atypical autonomic regulation, auditory processing, and affect recognition in women with HIV. *Biological Psychology*, *94*(1), 143–151.

Jones, R. M., Buhr, A. P., Conture, E. G., Tumanova, V., Walden, T. A., & Porges, S. W. (2014). Autonomic nervous system activity of preschool-age children who stutter. *Journal of Fluency Disorders*, *41*, 12–31.

Kenkel, W. M., Paredes, J., Lewis, G. F., Yee, J. R., Pournajafi-Nazarloo, H., Grippo, A. J., Porges, S.W., & Carter, C. S. (2013). Autonomic substrates of the response to pups in male prairie voles. *PLOS ONE*, *8*(8), e69965.

Patriquin, M. A., Scarpa, A., Friedman, B. H., & Porges, S. W. (2013). Respiratory sinus arrhythmia: A marker for positive social functioning and receptive language skills in children with autism spectrum disorders. *Developmental Psychobiology*, *55*(2), 101–112.

Porges, S. W. (1997). Emotion: an evolutionary by-product of the neural regulation of the autonomic nervous system. *Annals of the New York Academy of Sciences*, *807*(1), 62–77.

Porges, S. W. (2001). The polyvagal theory: phylogenetic substrates of a social nervous system. *International Journal of Psychophysiology*, *42*(2), 123–146.

Porges, S. W. (2003). The polyvagal theory: Phylogenetic contributions to social behavior. *Physiology & Behavior*, *79*(3), 503–513.

Porges, S. W. (2005). The vagus: A mediator of behavioral and visceral features associated with autism. In ML Bauman and TL Kemper, eds. *The Neurobiology of Autism*. Baltimore: Johns Hopkins University Press, 65–78.

Porges, S. W. (2005). The role of social engagement in attachment and bonding: A phylogenetic perspective. In CS Carter, L Ahnert, K Grossmann K, SB Hrdy, ME Lamb, SW Porges, N Sachser, eds. *Attachment and Bonding: A New Synthesis (92)* Cambridge, MA: MIT Press, pp. 33–54.

Porges, S. W. (2009). The polyvagal theory: new insights into adaptive reactions of the autonomic nervous system. *Cleveland Clinic Journal of Medicine, 76*(Suppl 2), S86.

Porges, S. W. (2015). Making the world safe for our children: Down-regulating defence and up-regulating social engagement to 'optimise' the human experience. *Children Australia, 40*(02), 114–123.

Porges, S. W., & Furman, S. A. (2011). The early development of the autonomic nervous system provides a neural platform for social behaviour: A polyvagal perspective. *Infant and Child Development, 20*(1), 106–118.

Porges, S. W., Doussard-Roosevelt, J. A., Portales, A. L., &

Greenspan, S. I. (1996). Infant regulation of the vagal "brake" predicts child behavior problems: A psychobiological model of social behavior. *Developmental Psychobiology, 29*(8), 697–712.

Reed, S. F., Ohel, G., David, R., & Porges, S. W. (1999). A neural explanation of fetal heart rate patterns: A test of the Polyvagal Theory. *Developmental Psychobiology.* 35:108–118.

Williamson, J. B., Porges, E. C., Lamb, D. G., & Porges, S. W. (2015). Maladaptive autonomic regulation in PTSD accelerates physiological aging. *Frontiers in Psychology, 5*, 1571.

Williamson, J. B., Heilman, K. M., Porges, E., Lamb, D., & Porges, S. W. (2013). A possible mechanism for PTSD symptoms in patients with traumatic brain injury: central autonomic network disruption. *Frontiers in Neuroengineering, 6*, 13.

Williamson, J. B., Lewis, G., Grippo, A. J., Lamb, D., Harden, E., Handleman, M., Lebow, J., Carter, C. S., & Porges, S. W. (2010). Autonomic predictors of recovery following surgery: a comparative study. *Autonomic Neuroscience, 156*(1), 60–6.

Yee, J. R., Kenkel, W. M., Frijling, J. L., Dodhia, S., Onishi, K. G., Tovar, S, Saber. M. J., Lewis, G.F., Liu, W., Porges, S.W., &

Carter, C. S. (2016). Oxytocin promotes functional coupling between paraventricular nucleus and both sympathetic and parasympathetic cardioregulatory nuclei. *Hormones and Behavior, 80*, 82–91.

版权说明

Application of Behavioral Medicine, Storrs, CT). Website: www.nicabm.com

第五章： 本次访谈由斯蒂芬·W. 波格斯为此书修订。原始采访发生于 2014 年 3 月。Copyright ©by Stephen W. Porges & NICABM (National Institute for the Clinical Application of Behavioral Medicine, Storrs, CT). Website: www.nicabm.com

第六章： 本次访谈由斯蒂芬·W. 波格斯为此书修订。原稿创作于 2010 年冬，并作为 GAINS 访谈出版。Copyright © Global Association for Interpersonal Neurobiology Studies, 2010. Website: www.mindgains.org.

第七章： 本次访谈由斯蒂芬·W. 波格斯为此书修订。原稿作为"躯体视角"系列（www.SomaticPerspectives.com）的一部分创作于 2011 年 11 月。Copyright © 2011 by www.SomaticPerspectives.com